Ronald Antonio Rodriguez Moncada
Carlos Alexander Mendoza Jacomino

Sistemas de transporte y planificación urbana

Ronald Antonio Rodriguez Moncada
Carlos Alexander Mendoza Jacomino

Sistemas de transporte y planificación urbana

Movilidad eficiente y urbanismo sostenible

Editorial Académica Española

Imprint

Cover image: www.ingimage.com

Publisher:
Editorial Académica Española
is a trademark of
Dodo Books Indian Ocean Ltd. and OmniScriptum S.R.L publishing group

120 High Road, East Finchley, London, N2 9ED, United Kingdom
Str. Armeneasca 28/1, office 1, Chisinau MD-2012, Republic of Moldova, Europe
Printed at: see last page
ISBN: 978-613-9-46908-6

Sistemas de Transporte y Planificación Urbana

Transformando las Ciudades del Futuro: Movilidad Eficiente y Urbanismo Sostenible

RONALD ANTONIO RODRÍGUEZ MONCADA

CARLOS ALEXANDER MENDOZA JACOMINO

Prólogo

En un mundo donde la urbanización avanza a un ritmo sin precedentes, las ciudades no solo se han consolidado como los centros neurálgicos de la actividad económica y social, sino también como escenarios de desafíos complejos y urgentes. Problemas como la congestión vial, las desigualdades en el acceso a servicios de movilidad, y los efectos del cambio climático requieren soluciones integrales e innovadoras que permitan un desarrollo urbano sostenible. Sistemas de Transporte y Planificación Urbana: Innovación, Sostenibilidad y Desarrollo, con el subtítulo "Transformando las Ciudades del Futuro: Movilidad Eficiente y Urbanismo Sostenible", es una obra que responde a esta necesidad, proporcionando un análisis profundo y propuestas visionarias para enfrentar estos retos. Como lo señala Gehl (2010), "las ciudades deben ser espacios diseñados para las personas, donde la interacción humana y el acceso a servicios sean el eje principal de su planificación" (p. 45). En esta obra, el autor adopta este enfoque centrado en las personas, ofreciendo herramientas prácticas e ideas revolucionarias que no solo resuelven problemas técnicos, sino que también promueven el bienestar social y ambiental. Desde la implementación de sistemas de transporte eléctrico hasta la creación de espacios públicos inclusivos, cada propuesta en este libro refleja un compromiso con la sostenibilidad y la equidad. El lector encontrará en estas páginas un análisis integral que combina teoría y práctica. Por ejemplo, Litman (2021) destaca que la planificación urbana debe adoptar un enfoque multidimensional que considere la movilidad sostenible como un elemento clave para reducir las desigualdades sociales y económicas en las ciudades contemporáneas. Este principio guía las soluciones planteadas en el texto, donde se abordan no solo los aspectos tecnológicos, como los sistemas inteligentes de transporte, sino también los desafíos sociales, como el acceso equitativo a la movilidad. Es importante mencionar que la transformación de nuestras ciudades no puede ser responsabilidad exclusiva de los planificadores urbanos o los ingenieros. Como subraya Newman y Kenworthy (2015), "la sostenibilidad urbana es un esfuerzo colectivo que depende de la colaboración activa entre gobiernos, comunidades locales y actores privados" (p. 87). Este libro hace eco de esta idea, ofreciendo a los lectores no solo un entendimiento más profundo de los problemas urbanos, sino también una invitación a participar activamente en la construcción de un futuro más sostenible. Para los profesionales del sector, este libro representa una herramienta invaluable para entender las tendencias globales y las estrategias más efectivas en planificación urbana y transporte. Para los académicos y estudiantes, es una fuente rica en conocimiento y referencias que enmarca los desafíos actuales en un contexto práctico y aplicable. Para los ciudadanos interesados en ser agentes de cambio, esta obra les proporcionará ideas claras y motivadoras sobre cómo sus decisiones cotidianas pueden influir positivamente en sus comunidades. Como dice Jane Jacobs (1961), "el desarrollo urbano exitoso es aquel que respeta la diversidad y la complejidad de las ciudades" (p. 25). Este libro no solo respeta esa diversidad, sino que también la celebra, ofreciendo un marco para pensar en soluciones innovadoras que permitan a nuestras ciudades florecer en el siglo XXI. Que estas páginas no solo les informen, sino que también los inspiren a actuar, porque el urbanismo no es solo una disciplina técnica: es un acto colectivo de imaginación y creación que moldea la calidad de vida de millones de personas.

Índice

Contenido

Introducción

La planificación urbana y los sistemas de transporte son los pilares fundamentales sobre los cuales se construyen las ciudades modernas. A lo largo de la historia, las urbes han evolucionado desde pequeños asentamientos hasta megalópolis que enfrentan desafíos sin precedentes, como el crecimiento poblacional, el cambio climático, la congestión vehicular, la contaminación y la necesidad de garantizar accesibilidad para todos. En este escenario, la ingeniería civil se convierte en una disciplina crucial, y el libro *"Sistemas de Transporte y Planificación Urbana: Innovación, Sostenibilidad y Desarrollo"* ha sido diseñado para guiar a ingenieros civiles, tanto actuales como futuros, en la creación de ciudades más eficientes, inclusivas y resilientes.

Este libro abarca desde los principios fundamentales de la movilidad y el urbanismo hasta los avances tecnológicos y sostenibles que han revolucionado ambos campos. Los lectores explorarán conceptos clave como el transporte público eléctrico, las ciclovías, y las innovaciones en transporte compartido y autónomo, mientras adquieren una visión integral de la planificación urbana sostenible. Además, se destaca el diseño de espacios públicos, la integración de infraestructuras verdes y estrategias de densificación urbana que mejoran la calidad de vida frente a las demandas del crecimiento poblacional. Cada capítulo está enriquecido con ejemplos contemporáneos y estudios de caso, ofreciendo una perspectiva práctica y realista.

Este libro no es solo una recopilación teórica, sino una guía práctica y visionaria que prepara a los ingenieros civiles para abordar los retos actuales y anticipar los futuros. Más allá de los aspectos técnicos, explora cómo la planificación urbana y los sistemas de transporte interactúan de forma sinérgica para diseñar ciudades funcionales y sostenibles. Asimismo, analiza las tendencias y tecnologías disruptivas, como la inteligencia artificial en la gestión del tráfico y las soluciones de micromovilidad, que redefinen los estándares de accesibilidad y movilidad. También enfatiza la sostenibilidad y el cambio climático, destacando prácticas como el uso de energías renovables y métodos de transporte sostenibles, esenciales para reducir la huella de carbono. Además, aborda políticas y regulaciones urbanísticas, proporcionando un entendimiento integral de los marcos legales, incentivos fiscales y estrategias de inversión necesarias para el éxito de cada proyecto. Finalmente, el libro ofrece una visión profunda sobre las proyecciones futuras, anticipando los avances en transporte autónomo y las nuevas demandas de resiliencia urbana.

Dirigido principalmente a estudiantes de ingeniería civil y profesionales del sector, este libro también resulta valioso para arquitectos, planificadores urbanos, gestores públicos y cualquier interesado en comprender el funcionamiento y la estructura de las ciudades modernas. Es una herramienta esencial que trasciende el conocimiento técnico, conectando la ingeniería con una visión de futuro inclusiva, resiliente y sostenible. A través de este libro, los lectores emprenderán un viaje de aprendizaje que les permitirá diseñar y construir ciudades más humanas, ecológicas y preparadas para los retos del siglo XXI.

CAPITULO 1
INTRODUCCIÓN A LOS SISTEMAS DE TRANSPORTE

Capítulo 1: Introducción a los Sistemas de Transporte

En el corazón de toda ciudad dinámica y próspera, los sistemas de transporte son el tejido que conecta a sus habitantes, facilitando la vida diaria, promoviendo la economía y reforzando la cohesión social (García, 2023). La movilidad urbana, en todas sus formas, representa mucho más que la simple tarea de desplazarse de un lugar a otro; es una fuerza transformadora que impulsa el desarrollo y la accesibilidad. En este primer capítulo, nos adentraremos en el apasionante mundo de los sistemas de transporte, explorando su evolución histórica, su impacto en la vida moderna y las diversas maneras en las que dan forma a nuestras ciudades.

El estudio de los sistemas de transporte va más allá de la infraestructura; abarca también la forma en que los individuos y las comunidades interactúan con su entorno urbano. Desde el transporte público masivo hasta los medios de transporte privados y compartidos, cada componente de un sistema de movilidad tiene su propio rol en la creación de un ecosistema urbano eficiente y accesible (López, 2022). Este capítulo explora las bases de esa estructura, observando las tendencias que han redefinido la movilidad en las últimas décadas y analizando cómo el transporte influye directamente en el desarrollo socioeconómico de las ciudades.

¿Por qué es fundamental comprender los sistemas de transporte? Para los ingenieros civiles, comprender los sistemas de transporte no es solo un requisito técnico; es una necesidad estratégica. Al adentrarse en el diseño y la planificación de estos sistemas, los ingenieros tienen el poder de influir en la vida cotidiana de millones de personas, optimizando su tiempo, aumentando su calidad de vida y creando un entorno más accesible y equitativo (Martínez, 2021). Este capítulo ofrece una visión completa de los diferentes tipos de sistemas de transporte, sus particularidades y cómo se integran en el contexto urbano para ofrecer soluciones de movilidad adaptadas a las necesidades cambiantes de las ciudades.

Los sistemas de transporte como herramienta de cambio social Además de facilitar el movimiento, los sistemas de transporte son herramientas poderosas para la inclusión social. Un sistema de transporte bien diseñado permite que personas de todos los contextos accedan a oportunidades educativas, laborales y recreativas, promoviendo una ciudad más justa y diversa (Pérez, 2020). En esta sección, exploraremos cómo la accesibilidad y la inclusión son ejes centrales en la creación de un sistema de transporte efectivo, y cómo estos principios ayudan a fortalecer el tejido social.

La movilidad en evolución: tendencias actuales y desafíos futuros Con el avance de la tecnología y la creciente preocupación por el medio ambiente, los sistemas de transporte están en constante evolución. Hoy, más que nunca, las ciudades buscan alternativas sostenibles y eficientes, como el transporte público eléctrico y las infraestructuras para medios no motorizados, que reduzcan la huella de carbono y promuevan la salud y el bienestar de los ciudadanos (Gómez, 2023). Este capítulo también analiza los desafíos que enfrentan los sistemas de transporte en un mundo en transformación: desde la gestión de la congestión vehicular y la contaminación hasta la integración de nuevas tecnologías y el impacto de los sistemas de movilidad compartida.

Un vistazo al futuro de la movilidad urbana Finalmente, nos adentraremos en las proyecciones y cambios futuros que se avecinan en el ámbito de los sistemas de transporte. Exploramos cómo la inteligencia artificial, los vehículos autónomos y los modelos de movilidad como servicio (MaaS) están rediseñando nuestras expectativas y posibilidades de movilidad en las ciudades del futuro (Rodríguez, 2024). A medida que las necesidades urbanas evolucionan, los ingenieros civiles están llamados a anticiparse a estas transformaciones y a diseñar sistemas de transporte que no solo respondan a las demandas actuales, sino que también estén preparados para los retos del mañana.

Bienvenidos a una exploración profunda de los sistemas de transporte, donde el conocimiento técnico se combina con la visión social y ambiental. En este primer capítulo, descubrirás cómo la movilidad urbana se convierte en una herramienta esencial para el progreso de las ciudades y cómo, como futuros ingenieros civiles, puedes ser parte de esta transformación trascendental en la vida urbana. ¡Acompáñanos en esta inmersión inicial y descubre el poder de un sistema de transporte bien diseñado!

1.1 Importancia y Evolución de los Sistemas de Transporte

Los sistemas de transporte constituyen uno de los elementos esenciales para el desarrollo integral de las ciudades. Su evolución y adaptación han sido fundamentales para mejorar no solo la movilidad, sino también la calidad de vida, la economía y el desarrollo social en las áreas urbanas (Litman, 2021). En el contexto actual, los sistemas de transporte son considerados infraestructuras críticas, ya que permiten la interacción entre personas, bienes y servicios, fortaleciendo el tejido urbano y promoviendo la cohesión social (Banister, 2018). La planificación y gestión de estos sistemas son, por tanto, prioridades para los ingenieros civiles, quienes deben enfrentar el desafío de diseñar sistemas seguros, accesibles, sostenibles y resilientes.

Históricamente, la evolución de los sistemas de transporte ha estado marcada por las necesidades de cada época. Durante la revolución industrial, las ciudades experimentaron un crecimiento rápido e impulsaron la expansión de redes ferroviarias y de tranvías, que facilitaban el desplazamiento de grandes poblaciones hacia áreas de trabajo y comercio (Sclar, 2019). Estos avances permitieron no solo la conexión entre zonas urbanas y rurales, sino también el crecimiento de las ciudades como centros de actividad económica y social, creando así el embrión de las metrópolis modernas (Knowles et al., 2020). Esta expansión de la infraestructura urbana trajo consigo una nueva era de movilidad que aún hoy sigue influyendo en los patrones de diseño urbano.

La segunda mitad del siglo XX marcó otro hito en la evolución de los sistemas de transporte, con el auge del automóvil y la construcción de autopistas en muchas ciudades del mundo. Este enfoque vehicular respondió a la demanda de una sociedad que priorizaba la velocidad y la autonomía en el desplazamiento (Gössling, 2021). Sin embargo, con el paso de los años, la dependencia de los automóviles comenzó a generar problemas significativos, tales como la congestión del tráfico, el aumento de la contaminación atmosférica y un acceso desigual al transporte, sobre todo en las áreas más alejadas de los centros urbanos (Mokhtarian & Chen, 2020). Estos efectos negativos impulsaron el interés en alternativas sostenibles que priorizan al transporte público, la movilidad activa (ciclismo y caminar) y las infraestructuras integradas de transporte multimodal.

En las últimas dos décadas, la atención ha girado hacia la sostenibilidad y la reducción del impacto ambiental del transporte urbano. En este sentido, se han promovido sistemas de transporte público eléctricos y la implementación de ciclovías para incentivar la movilidad no motorizada, iniciativas que permiten reducir tanto las emisiones de gases de efecto invernadero como los niveles de ruido en las ciudades (International Energy Agency [IEA], 2022). El cambio hacia el transporte sostenible se ha visto acelerado por los acuerdos internacionales en materia de cambio climático, como el Acuerdo de París, en el cual los países se comprometieron a reducir las emisiones globales para mitigar los efectos del calentamiento global (United Nations, 2015).

Además, el desarrollo de la tecnología ha jugado un papel crucial en esta transición. Hoy en día, la integración de la tecnología en el transporte, como los sistemas de gestión de tráfico, el uso de aplicaciones de movilidad como servicio (MaaS) y los vehículos autónomos, está transformando la movilidad urbana, facilitando el acceso y optimizando el uso de los recursos disponibles (Docherty et al., 2018). Estos avances permiten gestionar de forma más eficiente el tráfico y los recursos, ofreciendo una mayor comodidad y accesibilidad para los usuarios, al tiempo que se reduce la huella ambiental de las ciudades.

No menos importante es el rol de los sistemas de transporte en la equidad social. Un sistema de transporte bien planificado y accesible permite que las personas de todas las clases sociales accedan a oportunidades de empleo, educación y servicios esenciales (Pucher & Buehler, 2019). En muchas ciudades del mundo, la falta de opciones de transporte en ciertas zonas limita las posibilidades de desarrollo económico y social para sus habitantes. Así, el transporte se convierte en una herramienta para la justicia social y el desarrollo inclusivo, y su planificación y diseño deben considerar estos aspectos en beneficio de toda la población.

En conclusión, la evolución de los sistemas de transporte ha sido moldeada por las necesidades sociales, tecnológicas y ambientales de cada época. Hoy en día, estos sistemas enfrentan la urgente necesidad de adaptarse a una era que demanda sostenibilidad, inclusión y eficiencia (Fernández, 2023). Para los ingenieros civiles, entender esta evolución y los desafíos actuales es esencial para diseñar infraestructuras de transporte que no solo respondan a las demandas de movilidad, sino que también mejoren la calidad de vida de los habitantes urbanos y contribuyan al desarrollo sostenible de las ciudades.

1.2 Tipos de Sistemas de Transporte: Público, Privado y Compartido

En las ciudades modernas, la diversidad de opciones de transporte es fundamental para garantizar una movilidad eficiente, accesible y sostenible. Los sistemas de transporte pueden dividirse en tres categorías principales: público, privado y compartido. Cada uno de estos tipos ofrece diferentes beneficios y desafíos, y su adecuada combinación puede optimizar la funcionalidad de las ciudades, reducir el tráfico y mitigar el impacto ambiental (Litman, 2021). En este apartado, exploraremos las características y el rol de cada tipo de transporte, así como su influencia en la planificación urbana y el desarrollo social.

Transporte Público

El transporte público es un componente esencial de la movilidad urbana y una herramienta clave para el desarrollo sostenible. Su capacidad para mover grandes cantidades de personas a través de autobuses, trenes y tranvías lo convierte en una solución efectiva para reducir la congestión y las emisiones de gases contaminantes (Banister, 2018). En particular, los sistemas de transporte público eléctrico han ganado popularidad en las últimas décadas, ya que contribuyen a disminuir las emisiones de dióxido de carbono y a mejorar la calidad del aire urbano (International Energy Agency [IEA], 2022).

Además de los beneficios ambientales, el transporte público promueve la equidad social al ofrecer un medio de transporte accesible para las personas de todas las clases socioeconómicas. Como señalan Pucher y Buehler (2019), un sistema de transporte público eficiente permite que las personas de bajos ingresos accedan a oportunidades de empleo, educación y salud, independientemente de su ubicación dentro de la ciudad. Por tanto, los ingenieros civiles deben considerar estos aspectos al diseñar y planificar sistemas de transporte público, asegurando que el servicio llegue a todas las áreas urbanas y que sea seguro, eficiente y accesible para todos.

Transporte Privado

El transporte privado, representado principalmente por los automóviles, ha sido históricamente el método de movilidad preferido en muchas ciudades, especialmente en aquellas que priorizan la infraestructura vial sobre el transporte masivo (Gössling, 2021). La expansión de las autopistas y el auge del automóvil durante el siglo XX marcaron un punto decisivo en la configuración de muchas ciudades, consolidando un modelo de movilidad centrado en el vehículo privado (Docherty et al., 2018). Sin embargo, esta dependencia del automóvil ha generado múltiples problemas, como la congestión vehicular, la contaminación del aire y una creciente necesidad de espacio para estacionamientos.

En las últimas décadas, el aumento del tráfico y sus efectos negativos han impulsado la búsqueda de alternativas sostenibles al transporte privado, y muchas ciudades están implementando políticas para reducir la dependencia del automóvil. Estas políticas incluyen el cobro de tarifas por congestión, restricciones de estacionamiento y promoción de medios alternativos de transporte, como el ciclismo y el transporte público (Litman, 2021). Aun así, el transporte privado sigue siendo una opción necesaria para ciertos contextos, especialmente en zonas suburbanas y rurales donde la infraestructura de transporte público es limitada o inexistente. De esta forma, el desafío para los ingenieros civiles radica en equilibrar las necesidades de movilidad privada con los objetivos de sostenibilidad y accesibilidad urbana.

Transporte Compartido

El transporte compartido ha surgido como una alternativa innovadora que combina las ventajas del transporte público y privado. Este tipo de transporte incluye servicios como el car-sharing, el ride-sharing (uso compartido de vehículos) y la micromovilidad, como bicicletas y scooters eléctricos compartidos. El transporte compartido es una solución flexible que permite reducir el número de vehículos en las calles, disminuir la demanda de estacionamiento y contribuir a una movilidad urbana más limpia y eficiente (Cohen & Shaheen, 2018).

Según Shaheen y Chan (2016), el transporte compartido ofrece beneficios ambientales y económicos significativos, ya que reduce la dependencia del automóvil privado y optimiza el uso de los recursos. Además, muchos estudios señalan que la micromovilidad, especialmente en áreas urbanas densamente pobladas, puede reducir las emisiones de gases de efecto invernadero y promover una vida más activa y saludable (Banister, 2018). Sin embargo, la implementación del transporte compartido requiere una planificación urbana adecuada que incluya estaciones de recarga y estacionamiento para bicicletas y scooters, así como políticas para regular su uso y prevenir problemas de congestión en las aceras.

Movilidad Multimodal: Integración de Tipos de Transporte

Una tendencia emergente en la planificación de transporte urbano es la movilidad multimodal, que integra varios tipos de transporte (público, privado y compartido) para crear un sistema de movilidad urbano más cohesivo y adaptable a las necesidades de los ciudadanos. Esta integración permite a las personas combinar diferentes modos de transporte en un solo trayecto, optimizando tiempo y costos. Un sistema multimodal efectivo ofrece opciones de transporte flexibles que pueden adaptarse a cada trayecto, mejorando la eficiencia general de la movilidad urbana (Docherty et al., 2018).

El concepto de movilidad como servicio (MaaS) es una manifestación moderna de la movilidad multimodal, donde plataformas digitales permiten a los usuarios acceder a múltiples opciones de transporte desde una sola aplicación (Gössling, 2021). Esto no solo facilita el uso del transporte compartido y público, sino que también mejora la accesibilidad para personas que de otro modo dependerían del transporte privado. Para los ingenieros civiles, diseñar infraestructuras que fomenten la movilidad multimodal implica planificar estaciones de transporte interconectadas y sistemas de pago integrados que optimicen la experiencia de los usuarios y fomenten un uso más equilibrado de los diferentes tipos de transporte.

La variedad de tipos de transporte —público, privado y compartido— constituye un sistema integral que, cuando se gestiona y planifica adecuadamente, puede transformar positivamente la vida urbana. Cada tipo de transporte tiene su propio rol, y su combinación eficaz puede maximizar la eficiencia y sostenibilidad de la movilidad urbana (Ramírez, 2022). Para los ingenieros civiles, comprender las particularidades y ventajas de cada sistema es fundamental para crear ciudades inclusivas, equitativas y sostenibles. Este enfoque integral es clave para enfrentar los desafíos de congestión, contaminación y accesibilidad en las ciudades del futuro.

1.3 Impacto Socioeconómico de la Movilidad Urbana

La movilidad urbana tiene un impacto profundo en el desarrollo socioeconómico de las ciudades. El acceso a medios de transporte eficientes y accesibles influye directamente en la productividad económica, la cohesión social y la igualdad de oportunidades en las áreas urbanas. En esencia, un sistema de movilidad bien planificado actúa como un facilitador de crecimiento económico y social, ya que permite que las personas accedan a empleos, educación, servicios de salud y oportunidades de ocio (Litman, 2021). Este apartado explora el papel de la movilidad urbana en la economía, su relación con la calidad de vida y la forma en que puede reducir o ampliar las desigualdades sociales.

Movilidad Urbana y Crecimiento Económico

Los sistemas de transporte eficiente fomentan el crecimiento económico al facilitar el movimiento de personas y mercancías, permitiendo un flujo constante de actividad comercial y productiva. La movilidad urbana optimiza los tiempos de desplazamiento, lo cual incrementa la productividad y genera ahorros económicos significativos para empresas y trabajadores (Banister, 2018). En economías urbanas, donde el costo del tiempo perdido en el tráfico representa miles de millones de dólares anualmente, mejorar la infraestructura de transporte resulta esencial para maximizar la competitividad de las ciudades (Rodrigue, 2020). Según un estudio del Banco Mundial (2019), el acceso a transporte eficiente puede aumentar las tasas de empleo al conectar a los trabajadores con áreas que ofrecen mayores oportunidades laborales, especialmente en regiones metropolitanas.

Además, el transporte facilita la conexión entre mercados, aumentando la accesibilidad a bienes y servicios, lo que impulsa la demanda y fortalece el crecimiento económico. En este sentido, los ingenieros civiles desempeñan un papel crucial al diseñar sistemas de transporte que optimicen la logística urbana y mejoren la competitividad de las ciudades. Las inversiones en transporte no solo impulsan la economía local, sino que también pueden atraer inversión extranjera y fomentar el turismo, elementos clave para el desarrollo de una economía urbana sólida (Gössling, 2021).

Equidad Social y Accesibilidad

La movilidad urbana no solo afecta la economía, sino que también tiene un impacto significativo en la equidad social. La accesibilidad a un transporte urbano asequible y accesible es esencial para garantizar la igualdad de oportunidades en la ciudad. Un sistema de transporte inclusivo permite que las personas de bajos ingresos accedan a servicios esenciales, como educación y salud, y reduce la dependencia de la ubicación geográfica para aprovechar las oportunidades laborales (Pucher & Buehler, 2019). En particular, el transporte público juega un rol fundamental en la inclusión social, ya que permite la movilidad de quienes no tienen acceso a un vehículo privado o no pueden costear otras alternativas de transporte.

La falta de infraestructura de transporte adecuada en ciertas áreas, especialmente en barrios de bajos ingresos y en las periferias de las ciudades, puede crear barreras significativas para el desarrollo socioeconómico. Según Naciones Unidas (2021), las personas que carecen de acceso a transporte adecuado enfrentan mayores tasas de desempleo y pobreza, y tienen menos posibilidades de mejorar sus condiciones de vida. Por lo tanto, la equidad en el acceso a la movilidad debe ser un componente clave en la planificación del transporte urbano, y los ingenieros civiles deben considerar estos aspectos al diseñar infraestructuras que garanticen la accesibilidad para todos.

Salud Pública y Calidad de Vida

La relación entre movilidad urbana y salud pública es otra área de impacto significativa. El diseño de un sistema de transporte sostenible y saludable puede reducir los efectos negativos del tráfico, como la contaminación del aire, el ruido y los accidentes de tráfico, factores que afectan directamente la calidad de vida de los habitantes urbanos (Mokhtarian & Chen, 2020). La Organización Mundial de la Salud (2021) ha señalado que la exposición a altos niveles de contaminación del aire y el sedentarismo, ambos influenciados por la dependencia del automóvil, están asociados con un aumento en las enfermedades respiratorias y cardiovasculares.

La promoción de alternativas de transporte activo, como caminar y andar en bicicleta, no solo reduce las emisiones de gases de efecto invernadero, sino que también fomenta un estilo de vida más saludable, lo que contribuye a mejorar la salud de la población urbana (Cohen & Shaheen, 2018). Para los ingenieros civiles, integrar opciones de movilidad activa en el diseño urbano, como ciclovías y zonas peatonales, es clave para promover una movilidad saludable y reducir los impactos negativos de la dependencia del automóvil.

Impacto en el Medio Ambiente y la Sostenibilidad

La movilidad urbana también tiene un impacto directo en la sostenibilidad ambiental de las ciudades. Los sistemas de transporte urbano son responsables de una proporción significativa de las emisiones de gases de efecto invernadero, especialmente en aquellas ciudades que dependen en gran medida del transporte privado (IEA, 2022). La implementación de sistemas de transporte sostenible, como redes de transporte público eléctrico y la infraestructura para la movilidad activa, puede reducir significativamente las emisiones y contribuir a los objetivos de desarrollo sostenible.

En las ciudades que priorizan la movilidad sostenible, el transporte se convierte en una herramienta de mitigación del cambio climático y de protección ambiental. Esto se traduce en políticas urbanas que promueven la electrificación del transporte público, la reducción de vehículos motorizados en el centro de la ciudad y la expansión de infraestructuras verdes (Banister, 2018). Para los ingenieros civiles, la creación de sistemas de transporte sostenible es un compromiso con el medio ambiente y una oportunidad para diseñar ciudades que respondan a los desafíos ambientales actuales.

El impacto socioeconómico de la movilidad urbana es vasto y abarca desde la economía y la equidad social hasta la salud pública y la sostenibilidad ambiental. Cada uno de estos aspectos resalta la importancia de un sistema de transporte bien planificado y gestionado. Para los ingenieros civiles, comprender estos impactos es fundamental para diseñar infraestructuras de transporte que no solo mejoren la movilidad urbana, sino que también promuevan el desarrollo económico, la inclusión social, la salud y la sostenibilidad ambiental. En una era de urbanización y cambio climático, los sistemas de transporte urbano tienen el potencial de transformar las ciudades y mejorar la calidad de vida de sus habitantes.

1.4 Tendencias Actuales en Movilidad y Urbanismo

La movilidad urbana y la planificación urbana están experimentando una transformación significativa, impulsada por cambios tecnológicos, la creciente conciencia ambiental y la necesidad de sostenibilidad en las ciudades. Las tendencias actuales reflejan una reestructuración de las formas tradicionales de desplazamiento y diseño urbano, integrando enfoques innovadores que promueven la movilidad eficiente, la accesibilidad y el respeto por el medio ambiente (Litman, 2021). Este apartado examina las principales tendencias en movilidad y urbanismo, desde el auge del transporte inteligente y la micromovilidad hasta el diseño de ciudades sostenibles y resilientes, destacando su impacto en el futuro de la planificación urbana y el papel de los ingenieros civiles en estos cambios.

Micromovilidad y Movilidad Activa

La micromovilidad, que incluye el uso de bicicletas, scooters eléctricos y otros vehículos ligeros, se ha convertido en una tendencia en crecimiento en las ciudades modernas, ya que ofrece una solución rápida y ecológica para distancias cortas (Banister, 2018). Este tipo de movilidad no solo reduce el tráfico en las calles, sino que también contribuye a la reducción de emisiones y promueve un estilo de vida más activo y saludable. Las infraestructuras para la micromovilidad, como ciclovías y estaciones de carga para scooters eléctricos, están siendo cada vez más demandadas en las ciudades que priorizan la sostenibilidad y la accesibilidad.

El transporte activo, como caminar y andar en bicicleta, también ha ganado popularidad como parte de un enfoque de movilidad saludable. Según la Organización Mundial de la Salud (2021), promover el transporte activo en áreas urbanas puede reducir las enfermedades relacionadas con el sedentarismo y mejorar la calidad del aire. Este tipo de movilidad requiere de infraestructuras seguras y adecuadas, como aceras amplias, zonas peatonales y carriles exclusivos para bicicletas, elementos que los ingenieros civiles deben considerar al planificar espacios urbanos accesibles y seguros.

Desarrollo de Ciudades Compactas y Uso Eficiente del Suelo

La tendencia hacia ciudades compactas se ha fortalecido en los últimos años, con un enfoque en el desarrollo de áreas urbanas densas y multifuncionales que reduzcan la dependencia del automóvil y optimicen el uso del suelo (Rodrigue, 2020). Este modelo urbano promueve el diseño de barrios donde los residentes puedan acceder a servicios básicos, como escuelas, supermercados, parques y oficinas, en un radio de proximidad que facilite los desplazamientos a pie o en bicicleta. La idea de la "ciudad de 15 minutos" es un ejemplo de esta tendencia, proponiendo que los habitantes puedan satisfacer la mayoría de sus necesidades cotidianas a solo 15 minutos de su hogar (Moreno et al., 2021).

El desarrollo de ciudades compactas no solo reduce la huella de carbono, sino que también mejora la calidad de vida al fomentar la interacción social y crear comunidades más conectadas. Sin embargo, el diseño de estas áreas requiere una planificación urbana cuidadosa que evite la congestión y asegure la disponibilidad de infraestructuras adecuadas, desde áreas verdes hasta redes de transporte público. Para los ingenieros civiles, este enfoque implica una planificación integrada y coordinada que considere el uso eficiente del suelo, la densificación controlada y la preservación de espacios públicos.

Sostenibilidad y Resiliencia Urbana

La sostenibilidad y la resiliencia son ahora conceptos clave en la planificación urbana, impulsados por la necesidad de mitigar los efectos del cambio climático y preparar las ciudades para eventos extremos como inundaciones, sequías y olas de calor (United Nations, 2015). Las ciudades sostenibles buscan reducir su huella ecológica mediante el uso de energías renovables, el reciclaje de residuos, la promoción de la movilidad sostenible y el diseño de infraestructuras resilientes.

Para lograr una resiliencia efectiva, muchas ciudades están invirtiendo en infraestructura verde, que incluye desde parques y jardines hasta techos verdes y sistemas de drenaje urbano sostenible (SUDS). Estos elementos no solo ayudan a absorber el agua de lluvia y a reducir el riesgo de inundaciones, sino que también mejoran la calidad del aire, crean hábitats para la biodiversidad y proporcionan espacios recreativos para los ciudadanos (Litman, 2021). Los ingenieros civiles desempeñan un papel fundamental en la implementación de estas infraestructuras, asegurando que las ciudades no solo respondan a los desafíos actuales, sino que también estén preparadas para enfrentar los efectos futuros del cambio climático.

Las tendencias actuales en movilidad y urbanismo están marcadas por una búsqueda de sostenibilidad, innovación y equidad. Estas transformaciones requieren un enfoque de ingeniería civil que se adapte a las nuevas demandas de las ciudades modernas y que integre tecnología avanzada, infraestructura sostenible y un diseño urbano inclusivo (Hernández, 2023). Para los ingenieros civiles, comprender y aplicar estas tendencias es esencial para construir ciudades que no solo sean eficientes y accesibles, sino que también promuevan la salud, el bienestar y la resiliencia de sus habitantes en el largo plazo. Al anticiparse a estas tendencias, los ingenieros pueden liderar el desarrollo de entornos urbanos que respondan a los desafíos del futuro, estableciendo una base sólida para ciudades más inteligentes, saludables y sostenibles.

1.5 Proyecciones Futuras y Desafíos en el Transporte y la Planificación Urbana

A medida que las ciudades continúan creciendo y enfrentan desafíos complejos como el cambio climático, la congestión, la contaminación y la necesidad de mayor equidad social, la planificación urbana y los sistemas de transporte deben adaptarse para responder a las demandas de un mundo en constante evolución. Los ingenieros civiles están en una posición privilegiada para influir en el futuro de la movilidad y el desarrollo urbano, liderando soluciones innovadoras y sostenibles que mejoren la calidad de vida en las ciudades. Este apartado explora las proyecciones futuras en transporte y urbanismo, así como los desafíos que enfrentan las ciudades y la ingeniería civil en este contexto de cambio acelerado.

Crecimiento Urbano y Demandas de Movilidad

Las proyecciones demográficas sugieren que para 2050, alrededor del 70% de la población mundial vivirá en áreas urbanas, lo que incrementará las demandas de movilidad y pondrá a prueba la capacidad de las infraestructuras existentes (United Nations, 2018). Este crecimiento urbano crea la necesidad urgente de planificar sistemas de transporte capaces de mover grandes cantidades de personas de manera eficiente y sostenible. Los ingenieros civiles deben diseñar infraestructuras que no solo respondan a la demanda actual, sino que también tengan la capacidad de adaptarse al crecimiento futuro.

El crecimiento de las ciudades requiere un enfoque de movilidad que se aleje de la dependencia del automóvil privado y promueva opciones de transporte público y movilidad activa. Según la Organización Mundial de la Salud (2021), los sistemas de transporte público de alta capacidad y las infraestructuras para caminar y andar en bicicleta son esenciales para reducir la congestión y mitigar los efectos ambientales y sociales del crecimiento urbano. Además, el diseño de ciudades compactas y de uso mixto, donde los servicios esenciales se encuentren cerca de las residencias, es una estrategia clave para reducir la demanda de movilidad y fomentar la sostenibilidad.

Movilidad Autónoma y Conectividad

La automatización y la conectividad están transformando el transporte urbano, y en el futuro se espera que los vehículos autónomos desempeñen un papel importante en la movilidad de las ciudades. Los vehículos autónomos tienen el potencial de reducir la congestión y mejorar la seguridad vial, ya que pueden comunicarse entre sí y ajustar sus rutas en tiempo real para optimizar el tráfico (Docherty et al., 2018). Sin embargo, la introducción de vehículos autónomos también presenta desafíos, como la adaptación de las infraestructuras viales y la regulación de su uso en espacios urbanos.

La conectividad también se manifiesta en el uso de plataformas de movilidad como servicio (MaaS), que permiten a los usuarios acceder a una variedad de opciones de transporte desde una sola aplicación (Cohen & Shaheen, 2018). Este enfoque multimodal y flexible mejora la accesibilidad y permite una movilidad más eficiente y personalizada. Para los ingenieros civiles, la integración de tecnologías de conectividad y automatización en las infraestructuras de transporte será fundamental para facilitar la transición hacia una movilidad inteligente y sostenible.

Equidad Social y Acceso Inclusivo

A medida que las ciudades se desarrollan, la equidad social y el acceso inclusivo se han convertido en prioridades dentro de la planificación urbana. En muchas ciudades, las áreas de bajos ingresos carecen de un acceso adecuado a servicios de transporte, lo que limita las oportunidades de empleo, educación y servicios de salud para sus habitantes (Pucher & Buehler, 2019). La planificación urbana debe garantizar que todas las comunidades, independientemente de su ubicación y nivel socioeconómico, tengan acceso a opciones de transporte asequibles y accesibles.

El concepto de "justicia espacial" en el urbanismo busca asegurar que los beneficios de las inversiones en infraestructura sean distribuidos equitativamente y que el diseño de las ciudades no genere exclusión social (Gössling, 2021). Para los ingenieros civiles, esto implica diseñar infraestructuras que respondan a las necesidades de todos los habitantes, incluyendo la accesibilidad para personas con discapacidades y la creación de rutas seguras y accesibles en todas las áreas de la ciudad.

El futuro del transporte y la planificación urbana está marcado por una serie de desafíos y oportunidades que demandan soluciones innovadoras, sostenibles e inclusivas. Los ingenieros civiles tienen la responsabilidad de diseñar infraestructuras que no solo respondan a las demandas actuales de movilidad, sino que también se adapten a un contexto en constante cambio (Ruiz, 2024). Desde la electrificación del transporte y la movilidad autónoma hasta el desarrollo de ciudades compactas y accesibles, el éxito en la planificación urbana y de transporte dependerá de la capacidad de anticiparse a las necesidades futuras y de implementar soluciones resilientes y sostenibles. La visión a largo plazo y el compromiso con la equidad, la sostenibilidad y la eficiencia serán esenciales para construir ciudades que respondan a los desafíos del siglo XXI y ofrezcan una mejor calidad de vida para todos sus habitantes.

CAPITULO 2
DISEÑO DE SISTEMAS DE TRANSPORTE
SOSTENIBLES

Capítulo 2: Diseño de Sistemas de Transporte Sostenibles

La sostenibilidad en los sistemas de transporte no es solo una opción, sino una necesidad apremiante en el contexto actual de cambio climático, crecimiento poblacional y urbanización acelerada. Las ciudades de todo el mundo enfrentan una realidad en la que los patrones de movilidad deben transformarse radicalmente para reducir el impacto ambiental, mejorar la calidad del aire y ofrecer opciones de transporte accesibles y equitativas para todos los ciudadanos (ONU-Habitat, 2023). Este segundo capítulo, titulado "Diseño de Sistemas de Transporte Sostenibles", invita a los lectores a explorar los principios, tecnologías y estrategias que permiten desarrollar sistemas de transporte que no solo satisfacen las necesidades de movilidad, sino que también promueven un equilibrio entre el crecimiento urbano y la preservación del medio ambiente. El diseño de un sistema de transporte sostenible abarca mucho más que la construcción de infraestructura; implica una visión integral y multidimensional que considera la reducción de emisiones, la eficiencia energética, la accesibilidad y la resiliencia ante desafíos futuros. En este capítulo, se examinarán las innovaciones que están moldeando el futuro del transporte urbano, desde el transporte eléctrico y la micromovilidad hasta la planificación de ciudades orientadas al transporte público. Cada sección destaca cómo los ingenieros civiles desempeñan un papel crucial en la creación de sistemas de transporte que minimicen el impacto ambiental y maximicen los beneficios sociales y económicos.

¿Por qué es esencial la sostenibilidad en los sistemas de transporte? El transporte representa una de las principales fuentes de emisiones de gases de efecto invernadero en las áreas urbanas y, al mismo tiempo, es uno de los sectores más desafiantes de descarbonizar debido a la complejidad de la infraestructura y la dependencia en combustibles fósiles (International Energy Agency [IEA], 2022). En un contexto de creciente preocupación por el cambio climático, la sostenibilidad en los sistemas de transporte se ha convertido en un componente esencial de las políticas urbanas y de infraestructura, promoviendo soluciones que reduzcan el impacto ambiental y mejoren la salud pública (Banister, 2018). Los ingenieros civiles están llamados a diseñar sistemas que prioricen el transporte público, las energías limpias y la infraestructura para modos de transporte activo, transformando la movilidad en un recurso que fomente la sostenibilidad a largo plazo.

Tecnologías y tendencias que están revolucionando el transporte urbano El diseño de sistemas de transporte sostenibles se basa en la adopción de tecnologías que permiten una mayor eficiencia y una menor dependencia de los combustibles fósiles. En este capítulo, exploraremos tecnologías emergentes como los sistemas de transporte público eléctrico, que ofrecen una alternativa limpia y eficiente a los autobuses y trenes tradicionales. Asimismo, se examinan las redes de carga para vehículos eléctricos y su papel en la reducción de emisiones en el transporte privado. La micromovilidad, con opciones como bicicletas y scooters eléctricos, también se presenta como una solución innovadora para trayectos cortos, ayudando a reducir el tráfico y la contaminación en las áreas urbanas densas (Cohen & Shaheen, 2018).

Diseño centrado en las personas y accesibilidad para todos

Un sistema de transporte verdaderamente sostenible debe ser inclusivo y accesible para todos los habitantes de una ciudad, sin importar su ubicación o nivel socioeconómico. Este capítulo aborda cómo el diseño de sistemas de transporte debe considerar la equidad y la accesibilidad, asegurando que todas las comunidades tengan acceso a opciones de movilidad asequibles y convenientes. Para los ingenieros civiles, esto implica un enfoque centrado en las personas, donde el transporte no solo conecta lugares, sino que también conecta vidas, oportunidades y servicios esenciales (Pucher & Buehler, 2019).

Resiliencia y preparación para el futuro

La sostenibilidad no es solo una cuestión de impacto ambiental, sino también de resiliencia. A medida que las ciudades enfrentan fenómenos climáticos extremos, los sistemas de transporte deben estar diseñados para resistir y adaptarse a estos cambios, asegurando la continuidad del servicio y la seguridad de sus usuarios. En este capítulo, exploraremos cómo el diseño de infraestructuras resilientes, como la integración de drenajes urbanos sostenibles y tecnologías de mitigación de inundaciones, ayuda a preparar a las ciudades para los desafíos climáticos futuros. Este enfoque resiliente permite que los ingenieros civiles construyan sistemas de transporte que puedan resistir la prueba del tiempo y los efectos del cambio climático (United Nations, 2015).

Un futuro de movilidad sostenible

La transición hacia un transporte sostenible es una oportunidad para repensar nuestras ciudades y construir un futuro donde la movilidad no comprometa el bienestar del planeta ni la calidad de vida de las generaciones futuras. Este capítulo ofrece una guía práctica y visionaria para que los ingenieros civiles y los estudiantes de ingeniería comprendan los elementos clave para diseñar y planificar sistemas de transporte que respondan a las demandas del siglo XXI. Desde el uso de tecnologías limpias hasta la creación de espacios urbanos más accesibles y seguros, este capítulo desafía a los lectores a adoptar un enfoque transformador en la ingeniería del transporte, marcando el camino hacia un futuro de movilidad sostenible.

Sumérgete en este capítulo y descubre cómo los sistemas de transporte sostenible pueden mejorar nuestras ciudades, transformar nuestra relación con el medio ambiente y establecer un legado de resiliencia y equidad. Para los ingenieros civiles, el diseño de sistemas de transporte sostenibles no es solo una tarea técnica; es un compromiso ético y profesional con el futuro del planeta y de nuestras comunidades

2.1 Transporte Público Eléctrico: Trenes, Tranvías y Autobuses Eléctricos

El transporte público eléctrico se ha convertido en una solución clave para las ciudades que buscan reducir sus emisiones de carbono y mejorar la calidad del aire. Con el aumento de la urbanización y las crecientes demandas de movilidad, los sistemas de transporte eléctrico, como trenes, tranvías y autobuses eléctricos, ofrecen una alternativa limpia y eficiente frente a los sistemas de transporte tradicionales que dependen de combustibles fósiles (International Energy Agency [IEA], 2022). Este apartado examina los beneficios ambientales, económicos y sociales del transporte público eléctrico, así como los desafíos que implica su implementación y las innovaciones tecnológicas que están impulsando su desarrollo.

Reducción de Emisiones y Mejora de la Calidad del Aire

Uno de los mayores beneficios del transporte público eléctrico es su capacidad para reducir significativamente las emisiones de gases de efecto invernadero y otros contaminantes que afectan la calidad del aire en las áreas urbanas. Según Banister (2018), los sistemas de transporte eléctrico, en comparación con los autobuses y trenes que funcionan con combustibles fósiles, pueden reducir las emisiones de carbono hasta en un 90%, lo que contribuye directamente a los objetivos de sostenibilidad y salud pública de las ciudades. La Organización Mundial de la Salud (2021) ha advertido que la contaminación del aire es una de las principales causas de enfermedades respiratorias en entornos urbanos, y el transporte público eléctrico se presenta como una solución efectiva para mitigar estos efectos y mejorar la salud de la población.

Los trenes y tranvías eléctricos, en particular, son una opción de alta capacidad que puede reducir la congestión vehicular al ofrecer un medio de transporte rápido y confiable para largas distancias. Además, al funcionar con electricidad, estos sistemas generan menos ruido en comparación con los sistemas de combustión, lo cual mejora la calidad de vida en los entornos urbanos y crea espacios más tranquilos y habitables (Gössling, 2021). Los ingenieros civiles desempeñan un papel crucial en el diseño de estas infraestructuras, asegurando que las redes de transporte eléctrico estén bien integradas en el paisaje urbano y accesibles para la población.

Costos Operativos y Eficiencia Energética

A largo plazo, el transporte público eléctrico también puede resultar más rentable debido a sus menores costos operativos. Aunque la inversión inicial para establecer redes eléctricas y vehículos eléctricos puede ser significativa, los costos de operación de los trenes, tranvías y autobuses eléctricos son mucho más bajos que los de sus equivalentes de combustión interna, debido a la menor necesidad de mantenimiento y a la eficiencia de los motores eléctricos (Rodrigue, 2020). Según un informe de la Agencia Internacional de Energía (IEA, 2022), los motores eléctricos convierten aproximadamente el 85-90% de la energía en movimiento, en comparación con el 20-30% de los motores de combustión interna, lo que representa una ventaja considerable en términos de eficiencia energética.

Este ahorro en costos operativos puede permitir a las ciudades redirigir recursos hacia mejoras en la infraestructura o incluso hacia una reducción de tarifas, haciendo que el transporte público sea más accesible para todos. Sin embargo, es fundamental que los ingenieros civiles y los planificadores urbanos colaboren para diseñar infraestructuras eléctricas que soporten esta demanda, incluyendo la planificación de estaciones de carga y el almacenamiento de energía para evitar sobrecargas en la red eléctrica.

Innovaciones en Tecnología de Baterías y Carga

Uno de los principales desafíos para la adopción del transporte público eléctrico ha sido la tecnología de almacenamiento y carga de energía. Las innovaciones en baterías de iones de litio y otros sistemas de almacenamiento de energía están permitiendo que los autobuses eléctricos operen durante períodos más largos con una sola carga, lo que mejora la viabilidad operativa de estos vehículos (Cohen & Shaheen, 2018). Además, tecnologías como la carga rápida y los sistemas de carga en ruta permiten que los vehículos recarguen sus baterías en estaciones específicas o incluso mientras están en movimiento, lo que aumenta la eficiencia y reduce el tiempo de inactividad.

Los sistemas de carga inductiva, que permiten la carga inalámbrica de vehículos eléctricos mediante campos electromagnéticos, también están comenzando a implementarse en algunas ciudades, permitiendo que los autobuses y tranvías eléctricos se carguen sin necesidad de enchufes o cables (Docherty et al., 2018). Estas tecnologías requieren una infraestructura avanzada y bien planificada, lo que subraya la importancia de la ingeniería civil en el diseño e instalación de sistemas de carga y almacenamiento energético que sean eficientes, accesibles y seguros.

Desafíos de Implementación y Consideraciones Urbanas

La implementación del transporte público eléctrico en áreas urbanas plantea ciertos desafíos logísticos y financieros. Aunque los beneficios a largo plazo son significativos, la inversión inicial para establecer una red de transporte eléctrico puede ser considerable y, en algunos casos, prohibitiva para las ciudades con presupuestos limitados (Pucher & Buehler, 2019). Además, la adaptación de infraestructuras existentes y la coordinación con la red eléctrica local representan desafíos técnicos que deben ser abordados con una planificación detallada y una colaboración eficaz entre ingenieros civiles, gobiernos y proveedores de energía.

Otro desafío importante es la integración de estos sistemas en el espacio urbano sin afectar negativamente el paisaje o la accesibilidad. Los ingenieros civiles deben asegurarse de que la infraestructura de transporte público eléctrico esté bien distribuida y que los sistemas de carga sean accesibles y no ocupen espacio público excesivo, lo que podría obstaculizar otras actividades urbanas. Al considerar el diseño de las estaciones de carga y las rutas de autobuses y tranvías eléctricos, es esencial planificar de forma que se minimicen las interrupciones en el tráfico y se maximice la accesibilidad para todos los usuarios.

El transporte público eléctrico es una solución poderosa para avanzar hacia la sostenibilidad urbana, ofreciendo beneficios significativos en términos de reducción de emisiones, costos operativos y calidad de vida. Sin embargo, su implementación requiere de una planificación meticulosa, el desarrollo de infraestructura avanzada y una adaptación cuidadosa al entorno urbano. Para los ingenieros civiles, el diseño de sistemas de transporte público eléctrico no solo representa un desafío técnico, sino también una oportunidad para contribuir a la construcción de ciudades más limpias, accesibles y resilientes. La transición hacia el transporte público eléctrico es una inversión en el futuro de nuestras ciudades y en la salud y bienestar de sus habitantes.

2.2 Ciclovías y Sistemas de Transporte No Motorizado

En la búsqueda de ciudades más sostenibles, seguras y accesibles, los sistemas de transporte no motorizado, como las bicicletas y los sistemas de ciclovías, han cobrado relevancia en la planificación urbana moderna. La promoción de la movilidad activa no solo reduce la congestión vehicular y la contaminación, sino que también mejora la salud pública al fomentar un estilo de vida más activo y saludable (Pucher & Buehler, 2019). Este apartado analiza el diseño, los beneficios y los desafíos de implementar sistemas de transporte no motorizado en áreas urbanas, subrayando su importancia como parte de un enfoque integral hacia la movilidad urbana sostenible.

Beneficios de los Sistemas de Transporte No Motorizado

Los sistemas de transporte no motorizado, como las bicicletas y los patinetes, ofrecen beneficios significativos tanto para los usuarios como para la ciudad en general. Desde una perspectiva ambiental, el uso de bicicletas y otros medios no motorizados reduce las emisiones de gases de efecto invernadero y disminuye la contaminación del aire, lo que contribuye a mejorar la calidad ambiental de las áreas urbanas (Banister, 2018). La movilidad activa también ayuda a descongestionar el tráfico, especialmente en horas pico, al proporcionar una alternativa a los vehículos motorizados en distancias cortas.

A nivel individual, la movilidad no motorizada mejora la salud física y mental. Según la Organización Mundial de la Salud (2021), actividades como el ciclismo y caminar pueden reducir el riesgo de enfermedades cardiovasculares y mejorar el bienestar general de las personas. Además, los sistemas de transporte no motorizado son accesibles económicamente, lo que los convierte en una opción viable para personas de todos los niveles socioeconómicos. Esto hace que los sistemas de transporte no motorizado no solo sean una opción sostenible, sino también inclusiva, promoviendo la equidad social en las ciudades (Litman, 2021).

Diseño e Infraestructura de Ciclovías

Para que los sistemas de transporte no motorizado funcionen de manera efectiva, es esencial que las ciudades cuenten con infraestructuras adecuadas y bien diseñadas. Las ciclovías, en particular, deben ser planificadas cuidadosamente para asegurar la seguridad y comodidad de los usuarios. Las ciclovías bien diseñadas incluyen carriles protegidos que separan a los ciclistas del tráfico motorizado, señalización adecuada y cruces seguros que permitan a los ciclistas circular sin riesgos (Gössling, 2021).

Además, la conectividad es un aspecto fundamental en el diseño de las ciclovías. Las redes de ciclovías deben estar bien conectadas entre sí y con otras infraestructuras de transporte, como estaciones de tren o autobuses, para facilitar la movilidad multimodal. La creación de una red de ciclovías interconectadas permite a los usuarios moverse de forma más eficiente y segura por la ciudad, incentivando el uso de la bicicleta como medio de transporte diario. Para los ingenieros civiles, esto implica un diseño que no solo responda a las necesidades de los ciclistas, sino que también se integre armónicamente en el entorno urbano, minimizando las interferencias con el tráfico vehicular y peatonal (Cohen & Shaheen, 2018).

Sistemas de Bicicletas Compartidas y Acceso Público

Los sistemas de bicicletas compartidas han revolucionado la movilidad urbana al hacer que las bicicletas estén fácilmente disponibles para el público en general. Este tipo de sistema permite a los usuarios alquilar bicicletas por un corto período de tiempo y devolverlas en cualquier estación de la red, lo que facilita el acceso a la movilidad no motorizada sin necesidad de poseer una bicicleta (Shaheen & Cohen, 2019). Estos sistemas son especialmente útiles para complementar el transporte público en la llamada "última milla", que conecta a los usuarios desde las estaciones de transporte hasta su destino final.

El éxito de los sistemas de bicicletas compartidas depende de una infraestructura bien planificada y de una tecnología eficiente que permita a los usuarios localizar y acceder a las bicicletas de forma rápida y cómoda. Los ingenieros civiles desempeñan un papel clave en la implementación de estos sistemas, asegurando que las estaciones de bicicletas compartidas estén ubicadas en puntos estratégicos y que cuenten con una capacidad suficiente para satisfacer la demanda. Además, la infraestructura debe estar diseñada para soportar un uso intensivo, minimizando el vandalismo y facilitando el mantenimiento de las bicicletas y estaciones.

Desafíos de Implementación y Cambio Cultural

Aunque los beneficios de la movilidad no motorizada son claros, su implementación en las ciudades no está exenta de desafíos. Uno de los principales obstáculos es la cultura de movilidad basada en el automóvil, que prevalece en muchas ciudades y hace que el uso de bicicletas y otros medios no motorizados sea menos común. Cambiar esta mentalidad requiere de campañas de concientización y de una infraestructura que garantice la seguridad de los usuarios, ya que muchas personas se muestran reacias a utilizar la bicicleta en ciudades con un tráfico vehicular denso (Pucher & Buehler, 2019).

Además, la creación de infraestructuras como ciclovías y estaciones de bicicletas compartidas requiere una inversión considerable, lo que puede ser un desafío en ciudades con recursos limitados. Para los ingenieros civiles, esto implica diseñar soluciones de transporte no motorizado que sean económicamente viables y que maximicen el uso del espacio urbano, integrándose de forma efectiva en el entorno y generando beneficios a largo plazo. A nivel regulatorio, también es importante que las ciudades implementen normativas y políticas de seguridad que protejan a los usuarios de estos sistemas y promuevan su uso responsable.

Los sistemas de transporte no motorizado y las ciclovías representan una estrategia efectiva para avanzar hacia una movilidad urbana más sostenible, equitativa y saludable. A través de infraestructuras bien diseñadas y sistemas de bicicletas compartidas accesibles, las ciudades pueden reducir la congestión y las emisiones, al tiempo que fomentan una vida más activa y accesible para todos los ciudadanos. Para los ingenieros civiles, el diseño de estas infraestructuras implica no sólo un desafío técnico, sino también un compromiso con el bienestar de la comunidad y la creación de ciudades más inclusivas y resilientes. A medida que la movilidad urbana evoluciona, los sistemas de transporte no motorizado son una pieza clave en la construcción de un futuro urbano sostenible.

2.3 Reducción de Emisiones y Eficiencia Energética en el Transporte

En un mundo cada vez más comprometido con la sostenibilidad y la mitigación del cambio climático, la reducción de emisiones y la eficiencia energética en el transporte se han convertido en prioridades fundamentales. Dado que el sector del transporte es una de las principales fuentes de emisiones de gases de efecto invernadero, el diseño de sistemas de transporte que reduzcan la dependencia de los combustibles fósiles y optimicen el uso de la energía es esencial para crear ciudades más limpias y saludables (International Energy Agency [IEA], 2022). Este apartado explora las estrategias y tecnologías para reducir emisiones y aumentar la eficiencia energética en el transporte, destacando el rol crucial de los ingenieros civiles en la implementación de soluciones sostenibles y resilientes.

Impacto Ambiental del Transporte Urbano

El transporte urbano tiene un impacto significativo en el medio ambiente. Las emisiones de dióxido de carbono (CO_2) y otros contaminantes, como el monóxido de carbono y el óxido de nitrógeno, son responsables de la contaminación del aire y contribuyen al calentamiento global (Banister, 2018). En áreas urbanas densamente pobladas, la concentración de estos contaminantes afecta directamente la salud pública, aumentando el riesgo de enfermedades respiratorias y cardiovasculares entre los habitantes (Organización Mundial de la Salud, 2021). Por lo tanto, la reducción de emisiones es fundamental no solo para la sostenibilidad ambiental, sino también para la protección de la salud pública.

Para los ingenieros civiles, este desafío implica una planificación cuidadosa y la implementación de infraestructuras que promuevan el uso de energías limpias y reduzcan la dependencia del transporte motorizado. Esto incluye el diseño de sistemas de transporte público eficientes, la creación de zonas de bajas emisiones y la incorporación de infraestructura de apoyo para vehículos eléctricos, como estaciones de carga (Gössling, 2021).

Electrificación del Transporte Público y Privado

La electrificación es una de las estrategias más efectivas para reducir las emisiones en el transporte. Los vehículos eléctricos (VE), tanto públicos como privados, producen significativamente menos emisiones que los vehículos con motores de combustión interna, especialmente si se alimentan con electricidad generada a partir de fuentes renovables (Rodrigue, 2020). En el transporte público, la adopción de autobuses eléctricos y tranvías electrificados reduce la huella de carbono y mejora la eficiencia energética, mientras que los vehículos eléctricos privados representan una alternativa de bajo impacto para los conductores individuales (International Energy Agency [IEA], 2022).

El diseño e instalación de estaciones de carga es esencial para respaldar la transición a la electrificación. Las estaciones de carga rápida en puntos estratégicos de la ciudad permiten que los vehículos eléctricos recarguen sus baterías en menos tiempo, facilitando su uso tanto para trayectos largos como para el transporte urbano diario. Los ingenieros civiles tienen la responsabilidad de planificar y diseñar esta infraestructura, asegurando que esté bien distribuida y accesible en áreas urbanas y suburbanas.

Fomento de la Movilidad Activa y Compartida

Además de la electrificación, promover la movilidad activa y los sistemas de transporte compartido es otra forma eficaz de reducir las emisiones. La movilidad activa, como el ciclismo y caminar, no solo es cero emisiones, sino que también mejora la salud pública y reduce la congestión del tráfico (Pucher & Buehler, 2019). Las ciudades que diseñan infraestructuras adecuadas para la movilidad activa, como ciclovías y áreas peatonales, están ayudando a reducir la cantidad de vehículos motorizados en las calles, lo que disminuye las emisiones generales y contribuye a un ambiente urbano más saludable.

Los sistemas de transporte compartido, como el car-sharing y ride-sharing, también pueden reducir las emisiones al disminuir el número de vehículos privados en circulación. Según Cohen y Shaheen (2018), un solo vehículo compartido puede reemplazar de 5 a 10 autos privados, lo que resulta en una disminución significativa de las emisiones y el uso de energía en el transporte urbano. Para los ingenieros civiles, el reto es crear una infraestructura que soporte tanto la movilidad activa como el transporte compartido, lo que implica la construcción de estaciones de bicicletas, áreas de espera para servicios de ride-sharing y espacios de estacionamiento para vehículos compartidos.

Innovación Tecnológica y Eficiencia Energética

La innovación tecnológica es fundamental para mejorar la eficiencia energética en el transporte. Los avances en motores eléctricos, baterías de larga duración y sistemas de recuperación de energía están permitiendo que los vehículos utilicen menos energía y generen menos emisiones. Por ejemplo, los sistemas de frenado regenerativo en vehículos eléctricos capturan la energía generada durante el frenado y la almacenan en las baterías, aumentando la eficiencia energética del vehículo (Cohen & Shaheen, 2018).

Otra innovación significativa es el uso de inteligencia artificial (IA) y análisis de datos para optimizar los flujos de tráfico y reducir el consumo de combustible. Los sistemas de gestión del tráfico en tiempo real pueden ajustar los semáforos y las rutas de manera dinámica para reducir la congestión y mejorar la eficiencia de los vehículos en movimiento (Docherty et al., 2018). Estas tecnologías requieren una infraestructura avanzada de datos y comunicación, lo que representa un nuevo campo de oportunidades para los ingenieros civiles en la implementación de sistemas de transporte inteligentes y eficientes.

La reducción de emisiones y la mejora de la eficiencia energética en el transporte son componentes esenciales de la sostenibilidad urbana. Mediante la electrificación del transporte, el fomento de la movilidad activa y compartida, y la adopción de innovaciones tecnológicas, las ciudades pueden reducir su huella de carbono y mejorar la calidad de vida de sus habitantes. Para los ingenieros civiles, diseñar e implementar estas soluciones representa una oportunidad de liderar el camino hacia un transporte urbano más limpio, eficiente y sostenible. La transición hacia un sistema de transporte de bajo impacto ambiental es fundamental para el futuro de nuestras ciudades y del planeta.

2.4 Movilidad Compartida: Car-sharing, Ride-sharing y Micromovilidad

La movilidad compartida ha surgido como una de las soluciones más innovadoras para enfrentar los desafíos de congestión, contaminación y eficiencia en las ciudades modernas. Este modelo de transporte se basa en el uso compartido de vehículos, desde automóviles hasta bicicletas y scooters eléctricos, permitiendo que los ciudadanos accedan a medios de transporte sin necesidad de poseer un vehículo propio. Esta tendencia, impulsada por plataformas digitales y la demanda de opciones de movilidad flexibles, está transformando la forma en que nos desplazamos, mejorando la accesibilidad y reduciendo la dependencia de los vehículos privados (Cohen & Shaheen, 2018). Este apartado explora los diferentes tipos de movilidad compartida, sus beneficios y desafíos, y el papel de los ingenieros civiles en la creación de infraestructuras que apoyen este modelo.

Car-sharing: Una Alternativa al Vehículo Privado

El car-sharing permite a los usuarios alquilar vehículos por horas o incluso minutos, en lugar de tener que adquirir un automóvil propio. Este modelo es ideal para personas que necesitan un vehículo solo ocasionalmente y buscan evitar los costos y el mantenimiento asociados a la propiedad de un automóvil. Según estudios, cada vehículo de car-sharing puede sustituir entre 7 y 11 autos privados en circulación, reduciendo de forma significativa el número de vehículos en las calles y, por ende, la congestión y las emisiones (Shaheen & Cohen, 2019).

Los ingenieros civiles desempeñan un papel crucial en el desarrollo de infraestructura que facilite el uso del car-sharing, como la creación de estacionamientos dedicados y estaciones de carga para vehículos eléctricos compartidos. Además, la integración de sistemas de pago y gestión digital permite que estos servicios sean fáciles de usar y accesibles para el público. En el contexto de la planificación urbana, el car-sharing también ayuda a liberar espacio urbano que de otra manera se utilizaría para estacionamientos, permitiendo una distribución más eficiente del espacio en las ciudades (Litman, 2021).

Ride-sharing: Eficiencia y Reducción de Emisiones

El ride-sharing, o uso compartido de viajes, conecta a conductores que ya planean realizar un trayecto con otros pasajeros que tienen el mismo destino o uno similar. Plataformas como Uber y Lyft han popularizado este modelo, permitiendo que las personas compartan viajes y dividan los costos. El ride-sharing no solo ofrece una alternativa económica y conveniente al automóvil privado, sino que también reduce el número total de vehículos en circulación, lo cual disminuye la congestión y las emisiones (Docherty et al., 2018).

Además, el ride-sharing mejora la eficiencia energética en el transporte urbano, al maximizar el uso de cada vehículo y reducir los kilómetros recorridos en vacío. Sin embargo, para que el ride-sharing tenga un impacto positivo en el tráfico y las emisiones, es fundamental que esté bien regulado y que se integre de manera adecuada en el ecosistema de transporte urbano. Los ingenieros civiles deben trabajar en colaboración con las autoridades para diseñar infraestructuras y regulaciones que apoyen el uso del ride-sharing de manera segura y eficiente, incluyendo zonas de espera y áreas designadas para la recogida y bajada de pasajeros (Banister, 2018).

Micromovilidad: Bicicletas y Scooters Eléctricos Compartidos

La micromovilidad, que incluye el uso compartido de bicicletas y scooters eléctricos, se ha convertido en una opción de transporte popular en las ciudades modernas. Estos vehículos ligeros y de corta distancia permiten que los usuarios se desplacen de forma rápida y ecológica, especialmente en trayectos de última milla o distancias cortas. La micromovilidad no solo reduce la congestión y las emisiones, sino que también promueve la actividad física y mejora la accesibilidad en áreas densamente urbanizadas (Pucher & Buehler, 2019).

Los ingenieros civiles tienen la responsabilidad de diseñar una infraestructura adecuada para soportar la micromovilidad, incluyendo ciclovías seguras, estaciones de carga y estacionamientos específicos para bicicletas y scooters. Además, la gestión de espacios públicos debe tener en cuenta la necesidad de mantener las aceras y las calles libres de obstrucciones, evitando que los vehículos de micromovilidad se acumulen en áreas de alto tráfico peatonal. La planificación cuidadosa y la regulación son esenciales para integrar la micromovilidad de manera efectiva y segura en el entorno urbano (Gössling, 2021).

Desafíos y Oportunidades en la Movilidad Compartida

Aunque la movilidad compartida ofrece múltiples beneficios, su implementación no está exenta de desafíos. Uno de los principales obstáculos es la regulación, ya que la proliferación de vehículos compartidos, especialmente en el caso de la micromovilidad, puede generar problemas de seguridad y congestión en áreas peatonales (Shaheen & Cohen, 2019). Las ciudades deben establecer normativas claras que garanticen el uso seguro y ordenado de los vehículos compartidos, y los ingenieros civiles deben diseñar infraestructuras que minimicen los impactos negativos en el espacio público.

Otro desafío es la equidad en el acceso. En muchas ciudades, la movilidad compartida tiende a concentrarse en áreas céntricas y de alto nivel socioeconómico, lo que limita su accesibilidad para comunidades de bajos ingresos o ubicadas en la periferia. Para abordar esta desigualdad, las autoridades y los planificadores urbanos deben considerar incentivos y políticas que promuevan la expansión de la movilidad compartida en zonas de menor acceso, garantizando que todos los ciudadanos puedan beneficiarse de estas alternativas de transporte (Cohen & Shaheen, 2018).

Sin embargo, la movilidad compartida también representa una gran oportunidad para la sostenibilidad y la eficiencia en el transporte urbano. Con el apoyo de innovaciones tecnológicas y una infraestructura adecuada, la movilidad compartida puede reducir significativamente la cantidad de vehículos en circulación, mejorar la eficiencia energética y contribuir a la creación de ciudades más habitables y sostenibles. Para los ingenieros civiles, esto implica no solo el diseño de infraestructuras, sino también la implementación de soluciones integradas y sostenibles que optimicen el uso del espacio urbano y reduzcan el impacto ambiental del transporte.

La movilidad compartida, en sus diversas formas —car-sharing, ride-sharing y micromovilidad—, es una pieza clave en la construcción de un sistema de transporte urbano más eficiente, accesible y sostenible. A través de infraestructuras bien planificadas y regulaciones adecuadas, los ingenieros civiles pueden apoyar la adopción de estos modelos de transporte compartido, que no solo optimizan el uso de recursos, sino que también mejoran la calidad de vida en las ciudades. La movilidad compartida representa un cambio en la forma en que entendemos el transporte, desafiando la dependencia del vehículo privado y promoviendo una movilidad urbana más flexible y respetuosa con el medio ambiente.

2.5 Implementación de Sistemas de Pago Inteligentes y Accesibles

En el contexto de la movilidad urbana moderna, la implementación de sistemas de pago inteligentes y accesibles se ha vuelto fundamental para mejorar la experiencia del usuario y optimizar la eficiencia de los sistemas de transporte. Estos sistemas permiten que los usuarios accedan a múltiples modos de transporte mediante plataformas digitales integradas, eliminando la necesidad de llevar efectivo y agilizando el proceso de pago (Cohen & Shaheen, 2018). Este apartado explora cómo los sistemas de pago inteligentes contribuyen a la accesibilidad y la eficiencia del transporte urbano, así como el papel de los ingenieros civiles en la planificación e implementación de estas infraestructuras tecnológicas.

Facilitar el Acceso a la Movilidad Multimodal

Los sistemas de pago inteligentes permiten una integración sin fisuras entre distintos modos de transporte, facilitando el uso de opciones multimodales como el tren, el autobús, la bicicleta compartida y el ride-sharing en una misma aplicación (Litman, 2021). La movilidad como servicio (MaaS) permite que los usuarios planifiquen, reserven y paguen sus viajes a través de una plataforma única, lo cual hace que la experiencia de transporte sea más eficiente y accesible (Docherty et al., 2018). Esta integración reduce las barreras de entrada para los usuarios y fomenta el uso de medios de transporte más sostenibles.

Para los ingenieros civiles, el desarrollo de estas plataformas requiere de una infraestructura digital adecuada que incluya sistemas de pago unificados y redes de datos robustas. Esto asegura que los sistemas de pago funcionen de manera continua y sin interrupciones, incluso en áreas densamente pobladas o durante las horas pico. Además, la implementación de plataformas multimodales reduce la necesidad de automóviles privados, contribuyendo a la descongestión y a la reducción de emisiones en las ciudades (Cohen & Shaheen, 2018).

Eficiencia Operativa y Reducción de Costos

Los sistemas de pago inteligentes también contribuyen a la eficiencia operativa de los sistemas de transporte público. Al digitalizar el proceso de pago, los sistemas de transporte reducen la cantidad de efectivo manejado y minimizan el tiempo de espera de los pasajeros. Según estudios, la implementación de sistemas de pago sin contacto, como tarjetas inteligentes y aplicaciones móviles, ha permitido que los tiempos de espera en el transporte público disminuyan hasta en un 30%, lo cual optimiza el flujo de usuarios y reduce los costos operativos (Shaheen & Cohen, 2019).

Además, estos sistemas permiten a las agencias de transporte recopilar datos en tiempo real sobre el comportamiento de los usuarios, lo que facilita una planificación más precisa de rutas, frecuencias y horarios (Banister, 2018). Esta capacidad de análisis mejora la eficiencia del sistema y permite ajustar los servicios según la demanda, maximizando los recursos disponibles. Los ingenieros civiles juegan un papel importante en el diseño y la implementación de estos sistemas, garantizando que las infraestructuras de pago sean seguras, eficientes y accesibles para todos los usuarios.

Accesibilidad e Inclusión Social

La accesibilidad es uno de los mayores beneficios de los sistemas de pago inteligentes, ya que estos permiten que todos los ciudadanos, independientemente de su ubicación geográfica o nivel socioeconómico, tengan acceso a servicios de transporte. Los sistemas de pago inteligentes pueden diseñarse para ofrecer tarifas reducidas o descuentos a grupos específicos, como estudiantes, personas de la tercera edad y personas de bajos ingresos, lo que promueve la equidad y la inclusión social en el transporte urbano (Gössling, 2021).

Además, la digitalización del pago reduce las barreras para las personas que no disponen de efectivo o que prefieren métodos de pago más seguros y modernos. Sin embargo, la implementación de estos sistemas también debe tener en cuenta a aquellos que no tienen acceso a teléfonos inteligentes o tarjetas bancarias. Para los ingenieros civiles, el reto es crear soluciones de pago inclusivas que permitan la participación de toda la población, incluyendo sistemas alternativos para aquellos que no tienen acceso a tecnología avanzada o que prefieren métodos de pago tradicionales.

Seguridad y Privacidad en los Sistemas de Pago

Uno de los desafíos clave en la implementación de sistemas de pago inteligentes es garantizar la seguridad y privacidad de los datos de los usuarios. La digitalización del pago implica la recopilación y gestión de grandes volúmenes de datos personales y financieros, lo que exige medidas de seguridad avanzadas para prevenir el fraude y la pérdida de información (Rodrigue, 2020). Los ingenieros civiles y los planificadores urbanos deben trabajar en conjunto con especialistas en ciberseguridad para desarrollar infraestructuras de pago que protejan la información de los usuarios y cumplan con las regulaciones de privacidad.

Además de la seguridad, la privacidad también es una preocupación creciente entre los usuarios de plataformas de pago digital. La recopilación de datos sobre los hábitos de viaje puede ser beneficiosa para la planificación urbana, pero también plantea riesgos en términos de privacidad individual. Por lo tanto, los sistemas de pago inteligentes deben ser transparentes y permitir que los usuarios controlen qué información comparten y cómo se utiliza. La confianza en la privacidad y seguridad de estos sistemas es crucial para fomentar la adopción masiva y asegurar que los usuarios se sientan cómodos al utilizar estas tecnologías (Cohen & Shaheen, 2018).

La implementación de sistemas de pago inteligentes y accesibles es una herramienta poderosa para transformar la movilidad urbana, haciéndola más eficiente, accesible y adaptada a las necesidades de los usuarios. Al permitir la integración de modos de transporte, reducir los costos operativos y mejorar la accesibilidad, estos sistemas representan un paso significativo hacia un transporte urbano más inclusivo y sostenible. Para los ingenieros civiles, el diseño de estas infraestructuras tecnológicas ofrece una oportunidad de mejorar la experiencia de movilidad y de contribuir a la creación de ciudades más conectadas y seguras. Con un enfoque en la seguridad, la privacidad y la accesibilidad, los sistemas de pago inteligentes son un elemento clave en la visión de un transporte urbano del futuro, que combina eficiencia y equidad.

CAPITULO 3

PLANIFICACIÓN URBANA Y USO DEL TERRITORIO

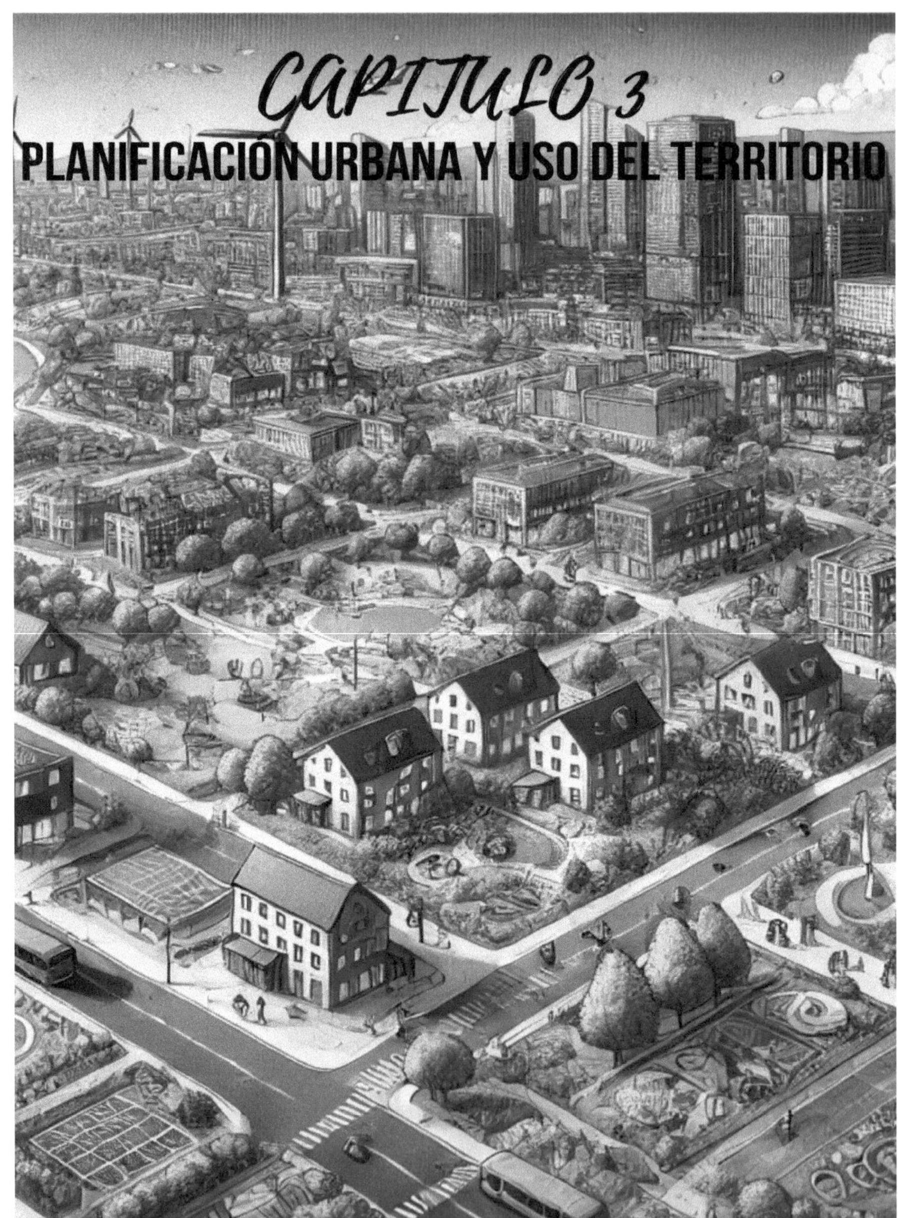

Capítulo 3: Planificación Urbana y Uso del Territorio

La planificación urbana es la columna vertebral de cualquier ciudad eficiente, inclusiva y sostenible. Cada espacio, cada calle y cada edificio forman parte de un diseño general que define cómo interactúan las personas, los servicios y el medio ambiente. En este contexto, la planificación y el uso del territorio se convierten en herramientas fundamentales para resolver los problemas urbanos actuales y anticipar las necesidades futuras de las ciudades. En un mundo que avanza rápidamente hacia la urbanización, la planificación urbana ya no se trata solo de construir infraestructuras físicas; es una ciencia compleja que integra aspectos sociales, económicos, ambientales y tecnológicos, todos alineados hacia el objetivo de mejorar la calidad de vida de los habitantes. Este capítulo, titulado **"Planificación Urbana y Uso del Territorio"**, ofrece una inmersión en los principios, estrategias y prácticas que los ingenieros civiles y urbanistas pueden emplear para crear ciudades más habitables y resilientes.

El concepto de planificación urbana abarca desde la organización espacial hasta asignación de recursos y la construcción de infraestructuras. En su núcleo, la planificación urbana busca optimizar el uso del suelo, equilibrando el crecimiento urbano con la conservación de espacios verdes y el uso sostenible de los recursos naturales. Sin embargo, la planificación moderna también enfrenta desafíos sin precedentes, como la creciente densidad de las poblaciones urbanas, la necesidad de ciudades sostenibles y resilientes frente al cambio climático, y la inclusión de la tecnología en los espacios urbanos. Para los ingenieros civiles y urbanistas, la planificación urbana es un campo en constante evolución que demanda una adaptación continua y una visión innovadora.

La planificación urbana integral va mucho más allá de la construcción de edificios y carreteras. En la actualidad, esta disciplina está profundamente ligada a la sostenibilidad, la justicia social y el desarrollo económico. Las ciudades bien planificadas ofrecen espacios accesibles para todos, promueven el desarrollo de comunidades conectadas y crean entornos que son tanto habitables como productivos. La planificación también tiene el potencial de resolver problemas de desigualdad social al distribuir los recursos y servicios de manera equitativa, ofreciendo acceso a transporte, educación, salud y oportunidades laborales a todos los habitantes, independientemente de su ubicación dentro de la ciudad (Banister, 2018).

Una ciudad bien planificada no solo beneficia a sus residentes, sino que también fomenta la economía al crear un ambiente atractivo para las empresas, el turismo y las inversiones. Además, la planificación integral garantiza que los recursos se utilicen de manera eficiente, minimizando los residuos y el impacto ambiental. Desde esta perspectiva, los ingenieros civiles juegan un papel vital en la implementación de soluciones que aprovechen al máximo el uso del suelo y mejoren la conectividad y accesibilidad dentro de las ciudades.

La densificación y el desarrollo de ciudades compactas

Una de las tendencias más relevantes en la planificación urbana actual es la densificación y el desarrollo de ciudades compactas. En lugar de expandirse hacia las periferias, muchas ciudades están optando por crecer "hacia adentro", aumentando la densidad en áreas urbanas existentes para aprovechar al máximo los recursos y reducir la dependencia del automóvil. Este modelo, que incluye conceptos como la "ciudad de 15 minutos" —en la que los habitantes tienen acceso a todos los servicios esenciales en un radio de 15 minutos a pie o en bicicleta—, permite una mayor sostenibilidad y eficiencia en el uso del suelo (Moreno et al., 2021).

El desarrollo de ciudades compactas implica una planificación urbana cuidadosa para evitar la sobrecarga de infraestructuras y servicios, y asegurar que las áreas densificadas cuenten con espacios verdes y recreativos. La creación de ciudades compactas también responde a una necesidad de cambio cultural hacia modos de vida más sostenibles, fomentando la movilidad activa y el uso de espacios compartidos. Para los ingenieros civiles, esto significa un enfoque en el diseño de infraestructuras multifuncionales y en la maximización de recursos para evitar la expansión descontrolada y los problemas asociados a las periferias urbanas.

3.1 Principios de Planificación Urbana Sostenible

La planificación urbana sostenible es un enfoque que busca satisfacer las necesidades de las ciudades actuales sin comprometer la capacidad de las futuras generaciones para satisfacer sus propias necesidades. En el contexto de crecimiento urbano acelerado, cambio climático y limitaciones de recursos, la sostenibilidad en la planificación urbana se ha convertido en una prioridad. Esta disciplina integra factores ambientales, sociales y económicos en el diseño y gestión de los espacios urbanos, creando un entorno equilibrado que optimice los recursos, reduzca el impacto ambiental y mejore la calidad de vida de los habitantes (Banister, 2018). Este apartado explora los principios fundamentales de la planificación urbana sostenible y su aplicación en el diseño de ciudades que sean resilientes, inclusivas y eficientes.

Uso Eficiente del Suelo y Control del Crecimiento Urbano

Uno de los principios centrales de la planificación urbana sostenible es el uso eficiente del suelo. A medida que las ciudades crecen, es fundamental evitar la expansión descontrolada que consume terrenos agrícolas, bosques y áreas naturales. Este fenómeno, conocido como "urbanización horizontal" o "expansión urbana", lleva a una serie de problemas, como el aumento de las distancias de transporte, la fragmentación del hábitat natural y el incremento en el consumo de energía y agua (Litman, 2021). En lugar de expandirse hacia las periferias, las ciudades sostenibles optan por la densificación controlada y el desarrollo "hacia adentro", promoviendo la construcción en áreas urbanas existentes para maximizar el uso de infraestructuras y servicios ya establecidos.

La creación de ciudades compactas, en las que los residentes puedan acceder a servicios básicos, transporte y empleo sin necesidad de grandes desplazamientos, es una estrategia clave en la sostenibilidad urbana. La idea de la "ciudad de 15 minutos" es un ejemplo de este enfoque, proponiendo que los ciudadanos puedan satisfacer la mayoría de sus necesidades diarias a corta distancia de su hogar (Moreno et al., 2021). Este modelo reduce la dependencia del automóvil y fomenta la movilidad activa, lo que, a su vez, disminuye las emisiones y el tráfico, mejorando la calidad de vida en el entorno urbano. Para los ingenieros civiles, esto implica diseñar infraestructuras multifuncionales que aprovechen al máximo el espacio urbano y promuevan la convivencia entre peatones, ciclistas y vehículos de forma segura y eficiente.

Protección de los Recursos Naturales y Áreas Verdes

La preservación de áreas verdes y recursos naturales es otro pilar de la planificación urbana sostenible. Los parques, jardines y reservas naturales en las ciudades no solo brindan espacios de recreación y esparcimiento, sino que también contribuyen a mejorar la calidad del aire, regular la temperatura y gestionar el agua de lluvia (Gössling, 2021). Estas áreas verdes actúan como "pulmones" urbanos que ayudan a mitigar los efectos del cambio climático, reduciendo las islas de calor y absorbiendo gases contaminantes.

La planificación sostenible también incluye la protección de cuerpos de agua, humedales y otros recursos naturales críticos para la biodiversidad y la resiliencia ambiental de las ciudades. La implementación de sistemas de drenaje urbano sostenible (SUDS), como jardines de lluvia y estanques de retención, permite gestionar el agua de manera eficiente, evitando inundaciones y mejorando la absorción de agua en áreas urbanas. Para los ingenieros civiles, el desafío es incorporar estas infraestructuras verdes en el diseño urbano, integrándolas de manera que no solo cumplan una función estética, sino que también aporten beneficios ambientales y climáticos a largo plazo (Rodrigue, 2020).

Promoción de la Movilidad Sostenible

La movilidad sostenible es un principio clave en la planificación urbana, ya que el transporte es una de las principales fuentes de emisiones de gases de efecto invernadero en las ciudades. Fomentar la movilidad sostenible implica crear infraestructuras que promuevan el uso de medios de transporte ecológicos, como el transporte público, la bicicleta y la movilidad peatonal (Cohen & Shaheen, 2018). La planificación urbana sostenible busca reducir la dependencia del automóvil privado, promoviendo redes de transporte público eficientes y bien conectadas que permitan a los ciudadanos moverse con facilidad y sin necesidad de vehículos personales.

La movilidad activa, como el ciclismo y el caminar, también es un componente esencial de la movilidad sostenible, ya que no solo reduce las emisiones, sino que también mejora la salud y el bienestar de la población. Para los ingenieros civiles, diseñar redes de ciclovías seguras, aceras amplias y áreas peatonales interconectadas es esencial para fomentar el uso de la movilidad activa. Además, la creación de zonas de bajas emisiones y la implementación de tecnologías de movilidad inteligente, como sistemas de pago digital y gestión de tráfico en tiempo real, contribuyen a reducir la congestión y a optimizar el uso de los recursos energéticos (Banister, 2018).

Inclusión y Equidad en el Acceso a Servicios y Recursos

La equidad social y la inclusión son principios fundamentales en la planificación urbana sostenible. Las ciudades deben ser accesibles y ofrecer igualdad de oportunidades a todos sus habitantes, independientemente de su ubicación geográfica, nivel socioeconómico o condición física. Esto implica distribuir los servicios y recursos de manera equitativa, asegurando que todas las áreas de la ciudad, incluidas las periferias y zonas de bajos ingresos, tengan acceso a transporte, educación, salud y espacios recreativos (Pucher & Buehler, 2019).

Para los ingenieros civiles, esto significa diseñar infraestructuras accesibles y seguras para todos, incluyendo rampas y accesos para personas con discapacidad, espacios públicos seguros y áreas de recreación inclusivas. La planificación inclusiva también implica garantizar que los proyectos de desarrollo urbano no generen desplazamientos forzados o exclusión social, sino que contribuyan a la cohesión de la comunidad y al bienestar de todos los ciudadanos. La equidad en la planificación urbana es esencial para crear ciudades donde todos los habitantes puedan prosperar y disfrutar de una buena calidad de vida (Gössling, 2021).

Los principios de la planificación urbana sostenible son guías fundamentales para enfrentar los desafíos del crecimiento urbano en el siglo XXI. A través del uso eficiente del suelo, la preservación de recursos naturales, la promoción de la movilidad sostenible y la equidad en el acceso a servicios, la planificación urbana puede crear entornos urbanos que sean habitables, resilientes y responsables con el medio ambiente. Para los ingenieros civiles, aplicar estos principios significa diseñar ciudades que no solo cumplan con los requisitos técnicos, sino que también contribuyan al bienestar y la sostenibilidad de las comunidades. La planificación urbana sostenible no es solo una estrategia; es un compromiso con el futuro de nuestras ciudades y con la calidad de vida de las generaciones venideras.

3.2 Zonas Urbanas, Suburbanas y Rurales: Características y Conexiones

La planificación urbana no solo se centra en la configuración de las ciudades, sino también en la integración armónica entre zonas urbanas, suburbanas y rurales. Cada una de estas áreas tiene características y necesidades únicas que deben considerarse en el contexto del crecimiento y desarrollo de las ciudades. Las zonas urbanas representan los centros de actividad económica y social, mientras que las áreas suburbanas y rurales suelen desempeñar un rol complementario, proporcionando vivienda, recursos y espacios verdes. Sin embargo, las conexiones y la planificación de estas zonas son fundamentales para crear un sistema de desarrollo regional equilibrado y funcional. Este apartado explora las características de cada tipo de zona y analiza cómo la planificación integrada permite que las áreas urbanas, suburbanas y rurales se conecten y beneficien mutuamente.

Características y Funciones de las Zonas Urbanas

Las zonas urbanas son el corazón de la actividad económica, social y cultural. Estas áreas, que suelen ser altamente densas, albergan la mayoría de los servicios e infraestructuras esenciales, como hospitales, escuelas, redes de transporte y centros comerciales. En las zonas urbanas, la eficiencia en el uso del espacio es clave, y el diseño debe maximizar la funcionalidad de cada área para satisfacer las demandas de una población grande y diversa (Banister, 2018). Sin embargo, el crecimiento urbano acelerado presenta desafíos significativos, como la congestión, la contaminación y la falta de espacios verdes.

La planificación sostenible en las zonas urbanas se centra en optimizar el uso del suelo, promoviendo la densificación y el desarrollo de ciudades compactas. Esto incluye la creación de espacios multifuncionales y la integración de tecnologías avanzadas para mejorar la gestión de recursos y la movilidad urbana. Para los ingenieros civiles, esto implica diseñar infraestructuras eficientes y sostenibles que permitan un flujo continuo de personas y bienes, mejoren la conectividad y minimicen el impacto ambiental de las actividades urbanas (Litman, 2021).

Zonas Suburbanas: La Expansión de la Ciudad

Las zonas suburbanas, ubicadas en los límites de las áreas urbanas, suelen combinar características urbanas y rurales. Originalmente, las áreas suburbanas se desarrollaron como espacios residenciales para quienes buscaban escapar de la densidad y el ritmo acelerado de las ciudades, pero al mismo tiempo deseaban estar cerca de los centros urbanos para acceder a empleo y servicios. Sin embargo, el crecimiento suburbano no planificado ha generado problemas, como la expansión urbana descontrolada, el aumento de la dependencia del automóvil y el consumo de recursos naturales a medida que las ciudades se expanden horizontalmente (Gössling, 2021).

La planificación de zonas suburbanas sostenibles requiere un enfoque que equilibre la necesidad de viviendas accesibles y espacios verdes con la proximidad a servicios esenciales y la promoción de la movilidad sostenible. Esto incluye la creación de redes de transporte público que conecten eficazmente las áreas suburbanas con los centros urbanos y reduzcan la dependencia del automóvil. Además, el diseño de infraestructuras de movilidad activa, como ciclovías y rutas peatonales, ayuda a promover un estilo de vida saludable y reducir las emisiones en estas zonas. Los ingenieros civiles desempeñan un papel clave en la planificación de zonas suburbanas que integren la sostenibilidad y la conectividad, asegurando un desarrollo que no comprometa el entorno natural ni genere una excesiva dependencia de los recursos (Pucher & Buehler, 2019).

Zonas Rurales: Conexión con el Entorno Natural y Recursos

Las zonas rurales, aunque menos densas, son esenciales para el bienestar de las zonas urbanas y suburbanas, ya que suelen suministrar alimentos, agua, energía y otros recursos naturales. Además, las áreas rurales ofrecen espacios recreativos y de conservación que son fundamentales para el equilibrio ecológico y el turismo. Sin embargo, las zonas rurales a menudo enfrentan problemas como la falta de acceso a servicios, infraestructura limitada y despoblación debido a la migración hacia las ciudades en busca de empleo y oportunidades (Rodrigue, 2020).

Para garantizar una conexión efectiva entre las áreas rurales y las zonas urbanas, la planificación debe enfocarse en mejorar las redes de transporte e infraestructura, facilitando el acceso a servicios básicos como salud, educación y comunicación. La creación de corredores rurales-urbanos permite que los productos y servicios fluyan de manera eficiente entre estas áreas, promoviendo un desarrollo económico equilibrado y un acceso más equitativo a oportunidades. Los ingenieros civiles tienen un papel esencial en el diseño de carreteras y redes de transporte sostenibles que conecten las zonas rurales con los centros urbanos, preservando al mismo tiempo el entorno natural y minimizando el impacto ambiental.

Conectividad y Planificación Integrada entre Zonas

La conectividad entre zonas urbanas, suburbanas y rurales es fundamental para el desarrollo regional sostenible y la cohesión social. Una planificación integrada permite que cada zona complemente y apoye a las demás, creando una red interdependiente que maximiza los beneficios de cada tipo de área. Las zonas urbanas dependen de los recursos de las zonas rurales, mientras que las áreas suburbanas actúan como puentes entre estos dos espacios, ofreciendo una combinación de infraestructura urbana y entorno natural (Cohen & Shaheen, 2018).

El desarrollo de corredores de transporte y redes de movilidad que conecten estas zonas es esencial para reducir el tiempo de desplazamiento, optimizar el flujo de bienes y servicios, y reducir las emisiones de gases de efecto invernadero (Banco Interamericano de Desarrollo

[BID], 2023). Además, la implementación de zonas de amortiguamiento entre áreas urbanas y rurales puede ayudar a preservar la biodiversidad y limitar la expansión urbana descontrolada. Para los ingenieros civiles, la planificación integrada implica diseñar infraestructuras que respeten las características y necesidades específicas de cada zona, promoviendo un desarrollo equilibrado y sostenible que beneficie a todos los habitantes.

La planificación de zonas urbanas, suburbanas y rurales debe entenderse como un sistema interconectado en el que cada área tiene una función única y complementaria. La creación de una red cohesiva que optimice las características y recursos de cada tipo de zona es fundamental para el desarrollo sostenible y equilibrado de las regiones urbanas. Para los ingenieros civiles, el desafío consiste en diseñar infraestructuras que faciliten la conectividad y respeten las particularidades de cada zona, asegurando un equilibrio entre el crecimiento económico, la sostenibilidad ambiental y el bienestar social. La planificación urbana integrada es una herramienta poderosa para crear comunidades resilientes y equitativas, capaces de prosperar en un entorno cada vez más interdependiente.

3.3 Integración de Espacios Públicos y Áreas Verdes

La integración de espacios públicos y áreas verdes es un componente fundamental en la planificación urbana moderna, ya que estos espacios ofrecen beneficios que van más allá de su valor estético. Las áreas verdes, como parques, plazas y jardines, son esenciales para el bienestar físico y mental de los habitantes, y su presencia mejora la calidad de vida en las ciudades. Además, estos espacios públicos contribuyen a la sostenibilidad al actuar como "pulmones urbanos", reduciendo las islas de calor, mejorando la calidad del aire y sirviendo como zonas de amortiguación contra inundaciones. Este apartado explora el valor multifacético de los espacios públicos y áreas verdes, y cómo su integración en las ciudades fomenta comunidades más saludables, resilientes e inclusivas.

Beneficios Ambientales de las Áreas Verdes

Las áreas verdes juegan un papel crucial en la mitigación de los efectos del cambio climático en las ciudades. Al proporcionar sombra y reducir las temperaturas superficiales, ayudan a contrarrestar el efecto de las islas de calor urbano, un fenómeno en el que las áreas urbanizadas presentan temperaturas significativamente más altas que sus alrededores debido a la concentración de asfalto y hormigón (Gössling, 2021). Además, las plantas y los árboles absorben dióxido de carbono y liberan oxígeno, mejorando la calidad del aire y contribuyendo a reducir las emisiones de gases de efecto invernadero (Organización Mundial de la Salud [OMS], 2021).

Los sistemas de drenaje natural en áreas verdes también ayudan a gestionar el agua de lluvia de manera más eficiente, reduciendo el riesgo de inundaciones y promoviendo la recarga de acuíferos. La implementación de jardines de lluvia, techos verdes y sistemas de drenaje sostenible permite que las ciudades manejen mejor las precipitaciones y eviten la sobrecarga de los sistemas de alcantarillado (Rodrigue, 2020). Para los ingenieros civiles, el diseño e implementación de estas infraestructuras verdes representa una oportunidad de integrar la sostenibilidad en el entorno urbano, asegurando que los espacios públicos no solo embellecen la ciudad, sino que también contribuyan a su resiliencia ambiental.

Espacios Públicos como Áreas de Interacción Social y Bienestar

Los espacios públicos son puntos de encuentro que fomentan la interacción social y crean un sentido de comunidad. Las plazas, parques y áreas de recreación permiten que los habitantes se reúnan, participen en actividades al aire libre y desarrollen relaciones sociales, lo cual es fundamental para la cohesión social y el bienestar mental. Según estudios de la OMS (2021), el acceso a áreas verdes y espacios recreativos está relacionado con una reducción en los niveles de estrés y una mejora en la salud mental de los habitantes urbanos.

El diseño de espacios públicos accesibles y bien conectados puede también mejorar la movilidad activa, incentivando a las personas a caminar o usar la bicicleta en lugar de vehículos motorizados. Esto no solo reduce la congestión y las emisiones, sino que también promueve un estilo de vida más saludable. Para los ingenieros civiles, la creación de estos espacios significa considerar la seguridad, la accesibilidad y la funcionalidad, asegurando que los espacios públicos sean inclusivos y atractivos para personas de todas las edades y habilidades (Pucher & Buehler, 2019).

3.3.3 Integración de Espacios Verdes en el Diseño Urbano

La planificación moderna busca integrar los espacios verdes en el tejido urbano de manera que estén accesibles para todos y formen parte integral de la vida cotidiana de los habitantes. La idea de la "infraestructura verde" se refiere a una red de parques, jardines, corredores verdes y otros espacios naturales que conectan diferentes áreas de la ciudad, proporcionando un flujo continuo de naturaleza en el entorno urbano (Banister, 2018). Esta integración permite que los habitantes disfruten de los beneficios de los espacios verdes sin necesidad de desplazarse largas distancias y mejora la conectividad entre barrios y comunidades.

Una práctica común en la planificación sostenible es la incorporación de techos y paredes verdes en edificios y otras estructuras urbanas, lo que no solo aporta estética, sino que también mejora el aislamiento térmico y la calidad del aire en áreas densamente construidas (Cohen & Shaheen, 2018). Para los ingenieros civiles, esto implica desarrollar infraestructuras adaptadas que puedan soportar estas integraciones y que además maximicen el aprovechamiento del espacio en entornos donde el terreno es limitado. La implementación de infraestructura verde contribuye a un diseño urbano más equilibrado, donde la naturaleza y la arquitectura se fusionan para crear ciudades más habitables y sostenibles.

3.3.4 Contribución de los Espacios Públicos a la Equidad Social

Los espacios públicos y áreas verdes desempeñan un papel importante en la creación de una ciudad más equitativa. Los parques y plazas accesibles para todos permiten que personas de diferentes antecedentes socioeconómicos disfruten de los mismos beneficios, promoviendo la inclusión y reduciendo las desigualdades. En muchas ciudades, sin embargo, la disponibilidad de espacios verdes es desigual, con una mayor concentración en áreas de alto nivel económico y una menor presencia en comunidades de bajos ingresos (Litman, 2021). Esta disparidad crea una necesidad urgente de planificar y distribuir los espacios públicos de manera equitativa.

La planificación urbana sostenible debe garantizar que todos los habitantes tengan acceso a áreas verdes y espacios recreativos, independientemente de su ubicación. Esto no solo mejora la calidad de vida de los ciudadanos, sino que también ayuda a reducir las brechas sociales. Los ingenieros civiles tienen la responsabilidad de desarrollar proyectos que promuevan una distribución justa de estos espacios, trabajando en colaboración con las autoridades locales para asegurar que las áreas verdes y los espacios públicos sean inclusivos y estén al alcance de toda la comunidad.

La integración de espacios públicos y áreas verdes es esencial para el desarrollo de ciudades sostenibles, resilientes y equitativas. Estos espacios no solo embellecen el entorno urbano, sino que también ofrecen beneficios ambientales, sociales y de salud que mejoran la calidad de vida de los habitantes. Para los ingenieros civiles, el diseño e implementación de espacios públicos y áreas verdes representa una oportunidad de contribuir a una ciudad más justa, donde todos los habitantes tengan acceso a los beneficios de la naturaleza y puedan disfrutar de un entorno de vida saludable y vibrante. La creación de una red integrada de espacios verdes y públicos es una inversión en el bienestar de las generaciones presentes y futuras, y es un componente clave de la visión de una ciudad sostenible y habitable.

3.4 Modelos de Ciudad Compacta y Densificación

La tendencia hacia el desarrollo de ciudades compactas y la densificación urbana ha cobrado importancia en las últimas décadas, impulsada por el deseo de construir ciudades sostenibles, eficientes y centradas en las personas. Los modelos de ciudad compacta buscan optimizar el uso del suelo y de los recursos, reduciendo la dependencia del automóvil y fomentando la accesibilidad de servicios y espacios públicos dentro de un área bien delimitada. A diferencia del crecimiento urbano extensivo, que implica expansión hacia las periferias, la ciudad compacta se desarrolla hacia el interior, promoviendo la proximidad, la eficiencia y la equidad en el acceso a oportunidades y servicios. Este apartado explora los principios y beneficios de la ciudad compacta y la densificación, así como los desafíos que enfrenta esta estrategia y el rol de los ingenieros civiles en su implementación.

Principios del Modelo de Ciudad Compacta

La ciudad compacta se basa en una serie de principios que buscan maximizar el uso del suelo y minimizar el impacto ambiental. Uno de los conceptos clave es la idea de la "ciudad de 15 minutos", que propone que los habitantes puedan acceder a la mayoría de sus necesidades diarias, como tiendas, centros de salud, parques y escuelas, en un radio de 15 minutos caminando o en bicicleta (Moreno et al., 2021). Este modelo fomenta la movilidad activa y reduce la dependencia del automóvil, lo cual contribuye a disminuir las emisiones de carbono y a mejorar la calidad de vida de los ciudadanos.

Otro principio fundamental es la mezcla de usos del suelo, que consiste en integrar viviendas, comercios y servicios en una misma área, creando barrios que ofrezcan una experiencia de vida completa. Esta combinación de usos no solo promueve una ciudad más dinámica, sino que también mejora la seguridad y la cohesión social, ya que las calles son más activas y transitadas. Para los ingenieros civiles, el desarrollo de ciudades compactas significa diseñar infraestructuras multifuncionales y adaptables que soporten la actividad y el flujo constante de personas, vehículos y recursos en un espacio reducido (Banister, 2018).

Beneficios de la Densificación Urbana

La densificación urbana ofrece múltiples beneficios tanto para los habitantes como para el medio ambiente. En términos económicos, permite que las ciudades optimicen el uso de infraestructuras y servicios, reduciendo los costos de construcción y mantenimiento de infraestructuras nuevas, como redes de transporte, agua y electricidad (Litman, 2021). La concentración de población en un área limitada también facilita la implementación de sistemas de transporte público eficientes y rentables, ya que las distancias entre destinos son más cortas y la demanda es más constante.

Desde el punto de vista ambiental, la densificación urbana contribuye a reducir la expansión de la huella urbana y a proteger las áreas rurales y naturales de la urbanización descontrolada. Al fomentar la concentración de personas y actividades en zonas específicas, se limita la destrucción de hábitats naturales y se preservan los recursos naturales. Además, la densificación facilita la creación de zonas verdes y espacios recreativos, lo cual es esencial para la salud mental y física de los habitantes (Gössling, 2021).

Para los ingenieros civiles, esto implica diseñar infraestructuras que soporten una mayor densidad de usuarios sin comprometer la funcionalidad ni la calidad del entorno. Esto incluye el desarrollo de redes de transporte público robustas, sistemas de gestión de residuos y agua eficientes, y la creación de edificios de uso mixto que maximicen el aprovechamiento del espacio disponible.

Retos y Desafíos de la Densificación Urbana

A pesar de sus beneficios, la densificación y la compactación urbana enfrentan varios desafíos. Uno de los problemas más comunes es la congestión, que puede surgir si las infraestructuras y los servicios no están preparados para soportar la demanda de una población densa. Las zonas compactas requieren una planificación detallada que garantice que los sistemas de transporte, agua, energía y gestión de residuos sean capaces de atender la demanda creciente sin sobrecargarse (Rodrigue, 2020).

Otro desafío es el posible incremento en el costo de la vivienda, ya que la mayor demanda en áreas densas y bien conectadas puede elevar los precios, limitando el acceso a la vivienda para las personas de bajos ingresos. Este fenómeno, conocido como "gentrificación", puede llevar al desplazamiento de comunidades locales y crear desigualdades en el acceso a los beneficios de la densificación urbana. Para abordar este problema, es importante que las políticas de densificación incluyan estrategias de vivienda asequible y mecanismos que protejan a las comunidades vulnerables de la especulación inmobiliaria (Cohen & Shaheen, 2018).

Para los ingenieros civiles, el reto es diseñar infraestructuras y espacios públicos que mitiguen estos efectos negativos, asegurando que la densificación se realice de manera inclusiva y respetuosa con las necesidades de todos los habitantes. Esto puede incluir la creación de espacios públicos accesibles, la implementación de normas de construcción sostenible y la integración de sistemas de transporte eficiente que eviten la congestión.

El Rol de los Ingenieros Civiles en la Ciudad Compacta

Los ingenieros civiles desempeñan un papel fundamental en la implementación del modelo de ciudad compacta. Desde la planificación de sistemas de transporte hasta el diseño de edificios y espacios públicos, su trabajo es esencial para crear ciudades que sean a la vez eficientes, sostenibles y habitables. Uno de los mayores retos para los ingenieros es maximizar el uso de los recursos y minimizar el impacto ambiental en entornos densos, lo cual implica innovar en el diseño y la construcción de infraestructuras multifuncionales y sostenibles (Pucher & Buehler, 2019).

La creación de edificios de uso mixto, que combinen residencias, oficinas, comercios y áreas recreativas en un mismo lugar, es una estrategia común en la ciudad compacta y requiere de una planificación cuidadosa para garantizar que estas estructuras sean seguras, accesibles y eficientes en su uso de energía y recursos. Además, los ingenieros civiles son responsables de desarrollar sistemas de movilidad sostenible, como redes de transporte público interconectadas, ciclovías y zonas peatonales, que faciliten el desplazamiento dentro de estas áreas compactas sin depender del automóvil.

La implementación de tecnologías como la energía renovable, el reciclaje de agua y los sistemas de gestión de residuos inteligentes también juega un papel crucial en la ciudad compacta. Estas innovaciones permiten que las ciudades funcionen de manera más eficiente y reduzcan su huella ecológica. La capacidad de los ingenieros civiles para integrar estas tecnologías y adaptarse a las demandas de los entornos densos es fundamental para el éxito de las ciudades compactas en el futuro.

El modelo de ciudad compacta y la densificación urbana ofrecen una visión de ciudades más sostenibles, eficientes y accesibles, donde los servicios y oportunidades estén al alcance de todos los habitantes. Sin embargo, su implementación requiere una planificación meticulosa y un compromiso para abordar los desafíos que pueden surgir, como la congestión, el costo de la vivienda y la gentrificación. Para los ingenieros civiles, la construcción de ciudades compactas es una oportunidad de liderar en el diseño de entornos urbanos que respondan a las necesidades del siglo XXI, proporcionando infraestructuras que mejoren la calidad de vida y reduzcan el impacto ambiental.

El desarrollo de ciudades compactas no solo es una estrategia de planificación urbana, sino también una apuesta por un futuro en el que las ciudades puedan prosperar de manera sostenible y equitativa. Con una combinación de innovación, tecnología y compromiso social, los ingenieros civiles pueden ayudar a dar forma a ciudades que no solo sean eficientes y funcionales, sino también inclusivas y resilientes.

3.5 Desarrollo Orientado al Transporte (DOT): Conexión entre Transporte y Uso del Suelo

El Desarrollo Orientado al Transporte (DOT) es una estrategia de planificación urbana que busca integrar el transporte y el uso del suelo para crear entornos urbanos eficientes, accesibles y sostenibles. Este modelo se centra en la creación de áreas de alta densidad alrededor de estaciones de transporte público, facilitando el acceso a servicios y reduciendo la necesidad de desplazarse en automóvil. El DOT no solo mejora la movilidad y reduce la congestión, sino que también promueve un desarrollo urbano compacto que optimiza el uso del suelo y apoya la creación de comunidades más conectadas. Este apartado explora los principios y beneficios del DOT, los desafíos de su implementación y el papel de los ingenieros civiles en la construcción de infraestructuras que permitan su éxito.

Principios Fundamentales del Desarrollo Orientado al Transporte

El DOT se basa en varios principios clave que buscan fomentar el uso del transporte público y la movilidad activa. Uno de los pilares principales es la proximidad, es decir, el diseño de espacios urbanos en los que los servicios y destinos esenciales, como comercios, escuelas y áreas recreativas, estén al alcance de los habitantes en un radio cercano a las estaciones de transporte (Cervero & Murakami, 2009). Esto reduce la dependencia del automóvil y facilita el acceso al transporte público, haciendo que sea más conveniente y atractivo para los residentes.

Otro principio fundamental del DOT es la mezcla de usos del suelo. Al combinar residencias, oficinas, comercios y espacios de recreación en áreas cercanas a las estaciones de transporte, el DOT crea barrios dinámicos y vibrantes que promueven la interacción social y la actividad económica. Para los ingenieros civiles, este enfoque significa diseñar infraestructuras multifuncionales y accesibles que permitan a los residentes aprovechar el transporte público y las conexiones peatonales de manera fluida y sin obstáculos (Litman, 2021).

Beneficios del DOT para la Movilidad y el Medio Ambiente

El Desarrollo Orientado al Transporte ofrece múltiples beneficios en términos de movilidad y sostenibilidad. Al reducir la necesidad de desplazarse en automóvil, el DOT ayuda a disminuir las emisiones de gases de efecto invernadero y la contaminación del aire, contribuyendo a la mitigación del cambio climático (Banister, 2018). Además, el DOT mejora la eficiencia del transporte público, ya que aumenta la demanda y justifica inversiones en sistemas de alta capacidad, como trenes y autobuses de tránsito rápido, lo cual beneficia a los habitantes al proporcionarles una alternativa de movilidad confiable y accesible.

Desde el punto de vista social, el DOT fomenta la creación de comunidades más conectadas y cohesionadas. Al agrupar viviendas, comercios y servicios alrededor de los centros de transporte, los habitantes pueden disfrutar de una mayor proximidad a sus destinos, lo cual promueve la interacción social y fortalece el sentido de comunidad. Para los ingenieros civiles, esto implica diseñar infraestructuras que promuevan la movilidad activa, como aceras amplias, ciclovías seguras y cruces peatonales accesibles, creando entornos urbanos que favorezcan el uso del transporte público y la actividad física (Cervero & Murakami, 2009).

Desafíos del Desarrollo Orientado al Transporte

A pesar de sus múltiples beneficios, el DOT enfrenta varios desafíos que deben abordarse para que su implementación sea exitosa. Uno de los problemas más comunes es la resistencia al cambio, ya que en algunas ciudades los habitantes están acostumbrados a depender del automóvil y pueden mostrar reticencia a adoptar un estilo de vida orientado al transporte público. Este cambio de paradigma requiere de políticas públicas efectivas y campañas de concientización que informen a la ciudadanía sobre los beneficios del DOT para la movilidad, el medio ambiente y la calidad de vida (Rodrigue, 2020).

Otro desafío es el costo inicial de las infraestructuras de transporte público, especialmente en áreas donde el sistema existente es limitado. La inversión en redes de transporte de alta capacidad y la construcción de estaciones accesibles puede ser elevada, lo cual puede limitar la implementación del DOT en zonas de bajos ingresos o en ciudades con recursos limitados. Para superar este obstáculo, los ingenieros civiles y los planificadores deben trabajar en conjunto con el sector público y privado para desarrollar modelos de financiamiento que hagan posible el desarrollo de estas infraestructuras esenciales (Cohen & Shaheen, 2018).

Además, la gentrificación es un problema potencial en las áreas desarrolladas bajo el modelo DOT. Al mejorar el acceso al transporte y la calidad de vida en determinadas zonas, es posible que los precios de la vivienda aumenten, desplazando a los habitantes de bajos ingresos y limitando el acceso a los beneficios del DOT para todos. Este fenómeno puede abordarse mediante políticas de vivienda asequible y subsidios que aseguren que las comunidades locales no se vean desplazadas por el desarrollo orientado al transporte (Pucher & Buehler, 2019).

Rol de los Ingenieros Civiles en el Desarrollo Orientado al Transporte

Los ingenieros civiles juegan un papel crucial en la implementación del DOT, ya que su trabajo es fundamental para construir las infraestructuras de transporte y servicios que permiten el éxito de este modelo. Esto incluye la planificación y diseño de estaciones de transporte accesibles y seguras, así como la creación de redes de movilidad activa, como ciclovías, rutas peatonales y áreas de interconexión que faciliten el acceso al transporte público (Banco Interamericano de Desarrollo [BID], 2023). Además, los ingenieros civiles deben asegurarse de que las infraestructuras estén diseñadas para soportar el flujo constante de usuarios y que respondan a las necesidades de todos los habitantes, incluidas las personas con discapacidades.

Otro aspecto importante es la incorporación de tecnologías de movilidad inteligente, como los sistemas de gestión de tráfico y las plataformas de pago digital, que facilitan el uso del transporte público y optimizan el flujo de personas y vehículos en áreas de alta densidad (Litman, 2021). Estas tecnologías permiten que las ciudades gestionen la movilidad de manera más eficiente y que los habitantes puedan acceder al transporte de manera cómoda y sin interrupciones.

El Desarrollo Orientado al Transporte es una estrategia transformadora que permite crear ciudades más sostenibles, accesibles y centradas en las personas. A través de la proximidad, la mezcla de usos del suelo y la integración de infraestructuras de transporte y movilidad activa, el DOT fomenta una forma de vida en la que el transporte público y la movilidad activa son opciones viables y atractivas para los ciudadanos. Sin embargo, para que el DOT tenga éxito, es fundamental abordar los desafíos asociados, como la resistencia cultural, el costo de las infraestructuras y el riesgo de gentrificación.

Para los ingenieros civiles, el desarrollo orientado al transporte representa una oportunidad para liderar en la creación de infraestructuras que respondan a las demandas del futuro y que mejoren la calidad de vida en las ciudades. Mediante la planificación cuidadosa y la implementación de tecnologías innovadoras, los ingenieros pueden contribuir a crear un entorno urbano en el que el transporte sea eficiente, equitativo y sostenible. El DOT es un paso hacia ciudades más conectadas y resilientes, en las que todos los habitantes puedan disfrutar de un entorno de vida accesible y de calidad.

CAPITULO 4

TECNOLOGÍAS INTELIGENTES Y SOSTENIBILIDAD EN EL TRANSPORTE URBANO

Capítulo 4: Tecnologías Inteligentes y Sostenibilidad en el Transporte Urbano

El transporte urbano está en una encrucijada: por un lado, enfrenta los desafíos de una creciente población urbana, la congestión del tráfico y la contaminación; por otro, tiene la oportunidad de transformarse gracias a la revolución tecnológica y la demanda de sostenibilidad. En un mundo cada vez más conectado y consciente de su huella ambiental, las tecnologías inteligentes ofrecen soluciones innovadoras que pueden cambiar profundamente la manera en que las personas se desplazan dentro de las ciudades. Este cuarto capítulo, titulado **"Tecnologías Inteligentes y Sostenibilidad en el Transporte Urbano"**, explora cómo la tecnología está revolucionando el transporte urbano y permitiendo un enfoque más sostenible y eficiente, así como el rol que los ingenieros civiles juegan en esta transformación.

Las tecnologías inteligentes no solo optimizan los sistemas de transporte existentes, sino que también crean nuevas posibilidades para el desarrollo de infraestructuras y servicios que respondan a las necesidades del siglo XXI. Desde sistemas de transporte autónomos hasta la movilidad como servicio (MaaS) y la gestión inteligente del tráfico, este capítulo analiza cómo estas innovaciones están redefiniendo el transporte urbano, promoviendo una movilidad más fluida, menos contaminante y centrada en el usuario. Para los ingenieros civiles y planificadores urbanos, la integración de tecnologías inteligentes es una oportunidad para liderar en la creación de ciudades más habitables y conectadas, en las que el transporte sea accesible, equitativo y ambientalmente responsable.

Tecnologías inteligentes al servicio de la movilidad urbana

La tecnología ha cambiado la forma en que interactuamos con el transporte, desde la planificación de nuestros desplazamientos hasta el pago de los servicios. Hoy en día, los ciudadanos pueden planificar sus viajes y acceder a múltiples opciones de transporte mediante una sola aplicación, lo que facilita la movilidad multimodal y reduce la dependencia del automóvil privado (Cohen & Shaheen, 2018). La movilidad como servicio (MaaS) es uno de los conceptos emergentes más prometedores, que integra diversas opciones de transporte —como autobuses, trenes, bicicletas y vehículos compartidos— en una plataforma digital que permite a los usuarios planificar, reservar y pagar sus desplazamientos desde un solo lugar. Este enfoque, habilitado por la tecnología, facilita el acceso a opciones de transporte sostenibles y hace que el uso del transporte público y la movilidad activa sea más conveniente y atractivo.Además, la inteligencia artificial (IA) y el análisis de datos en tiempo real están revolucionando la gestión del tráfico y la eficiencia energética en el transporte. Los sistemas inteligentes de gestión de tráfico utilizan datos en tiempo real para optimizar la sincronización de los semáforos, ajustar rutas de autobuses y trenes, y reducir los tiempos de espera, lo cual mejora la experiencia de los usuarios y reduce las emisiones generadas por la congestión vehicular (Docherty et al., 2018). Para los ingenieros civiles, la implementación de estas tecnologías requiere una infraestructura avanzada y adaptativa que permita a las ciudades gestionar el tráfico de manera dinámica y eficiente, mejorando el flujo de personas y bienes y minimizando el impacto ambiental.

Sostenibilidad en el transporte: una necesidad urgente

La sostenibilidad es un objetivo esencial en el desarrollo del transporte urbano moderno. Las ciudades son responsables de una gran parte de las emisiones globales de CO_2 y otros contaminantes, y el transporte representa una porción significativa de estas emisiones. La transición hacia un transporte más sostenible es fundamental para reducir la huella ambiental de las ciudades y para proteger la salud y el bienestar de los ciudadanos (Banister, 2018). En este capítulo, analizaremos cómo la electrificación del transporte, la movilidad activa y las fuentes de energía renovable están permitiendo que las ciudades avancen hacia una movilidad más limpia y saludable.

La electrificación del transporte público, por ejemplo, ha demostrado ser una de las estrategias más efectivas para reducir las emisiones en áreas urbanas densamente pobladas. Los autobuses eléctricos, los trenes de cercanías electrificados y los sistemas de tranvía no solo reducen las emisiones de gases de efecto invernadero, sino que también disminuyen la contaminación acústica, creando un entorno urbano más agradable. Además, la integración de fuentes de energía renovable en los sistemas de transporte urbano permite que las ciudades reduzcan su dependencia de los combustibles fósiles y se vuelvan más resilientes frente a las fluctuaciones de los precios de la energía (International Energy Agency [IEA], 2022).

El papel de los ingenieros civiles en la movilidad inteligente y sostenible

La transformación del transporte urbano hacia modelos más inteligentes y sostenibles coloca a los ingenieros civiles en el centro de esta evolución. Su rol va mucho más allá de la construcción de infraestructuras físicas; incluye la integración de tecnologías avanzadas y la planificación de sistemas complejos que faciliten una movilidad fluida y ecológica (World Economic Forum, 2022). Para los ingenieros, esta transición requiere una adaptación constante y el aprendizaje de nuevas herramientas y metodologías, así como una colaboración estrecha con expertos en tecnología, autoridades locales y el sector privado para asegurar que el desarrollo urbano responda a las necesidades de todos los ciudadanos.

La planificación y ejecución de estas innovaciones no están exentas de desafíos. La adopción de tecnologías inteligentes y sostenibles requiere inversiones significativas y, en algunos casos, un cambio de mentalidad tanto en los profesionales como en los usuarios. Además, es fundamental garantizar que el uso de tecnologías inteligentes en el transporte no aumente las brechas sociales, sino que promueva una movilidad accesible y equitativa para todos los ciudadanos. Los ingenieros civiles, en colaboración con otros actores clave, deben trabajar para desarrollar infraestructuras de transporte que no solo respondan a las necesidades actuales, sino que también se adapten a los cambios futuros y promuevan la equidad en el acceso a la movilidad.

El transporte urbano inteligente y sostenible no es solo una tendencia; es una necesidad urgente y una oportunidad única para transformar las ciudades en entornos más saludables, conectados y resilientes. Las tecnologías inteligentes ofrecen herramientas poderosas para optimizar el transporte urbano, mientras que las soluciones sostenibles permiten que las ciudades reduzcan su impacto ambiental y mejoren la calidad de vida de sus habitantes. Este capítulo invita a los ingenieros civiles, urbanistas y responsables de políticas a ver la tecnología y la sostenibilidad como aliados en la creación de un transporte urbano que responda a los desafíos del presente y del futuro.

A medida que explores este capítulo, descubrirás cómo la convergencia entre tecnología y sostenibilidad está dando forma a una nueva era de movilidad urbana. Desde la electrificación del transporte hasta la movilidad como servicio y los vehículos autónomos, la tecnología ofrece un sinfín de posibilidades para crear ciudades en las que el transporte sea más eficiente, accesible y respetuoso con el medio ambiente. Para los ingenieros civiles, esta es una oportunidad para liderar el cambio hacia un futuro en el que las ciudades sean no solo funcionales, sino también sostenibles y justas.

4.1 Electrificación del Transporte Urbano: Buses, Trenes y Redes de Carga

La electrificación del transporte urbano es una de las estrategias más prometedoras para reducir la huella de carbono de las ciudades y mejorar la calidad del aire en entornos densamente poblados. La transición hacia sistemas de transporte eléctrico, como autobuses, trenes y tranvías, permite disminuir las emisiones de gases de efecto invernadero y otros contaminantes, lo que contribuye significativamente a los objetivos de sostenibilidad y protección del medio ambiente (International Energy Agency [IEA], 2022). Este apartado explora los beneficios y desafíos de la electrificación del transporte urbano, así como el papel crucial de los ingenieros civiles en la implementación de infraestructuras de carga y en el diseño de sistemas de transporte eléctricos eficientes y accesibles.

Ventajas Ambientales y Sociales de la Electrificación

El transporte eléctrico reduce las emisiones de gases de efecto invernadero y la contaminación del aire en las ciudades. En comparación con los sistemas de transporte que funcionan con motores de combustión, los autobuses y trenes eléctricos emiten considerablemente menos dióxido de carbono y no producen partículas contaminantes, mejorando así la calidad del aire en entornos urbanos y reduciendo el riesgo de enfermedades respiratorias entre los habitantes (Gössling, 2021). La Organización Mundial dc la Salud (2021) ha destacado la importancia de reducir la contaminación del aire en las ciudades, señalando que la exposición a contaminantes está asociada con un aumento en enfermedades como el asma y otras afecciones respiratorias.

Además de sus beneficios ambientales, los vehículos eléctricos contribuyen a disminuir la contaminación acústica, ya que sus motores son significativamente más silenciosos que los de combustión. Esto mejora la calidad de vida en las áreas urbanas, especialmente en zonas residenciales y comerciales densamente pobladas. Para los ingenieros civiles, la electrificación del transporte representa una oportunidad de desarrollar infraestructuras urbanas que no solo respondan a las necesidades de movilidad, sino que también contribuyan a un entorno de vida más saludable y amigable con el medio ambiente (Banister, 2018).

Infraestructura de Redes de Carga y su Distribución en el Espacio Urbano

Uno de los mayores desafíos de la electrificación del transporte urbano es la creación de una infraestructura de carga adecuada que permita la operación eficiente de vehículos eléctricos. La planificación y distribución estratégica de estaciones de carga son esenciales para asegurar que los autobuses, trenes y otros vehículos eléctricos puedan operar de manera continua sin interrupciones. Las estaciones de carga rápida, que permiten recargar las baterías en minutos en lugar de horas, son especialmente importantes para el transporte público, ya que reducen el tiempo de inactividad y aumentan la eficiencia operativa (Rodrigue, 2020).

En áreas urbanas densas, el espacio para estaciones de carga es limitado, lo que representa un reto para los ingenieros civiles. Es fundamental diseñar redes de carga que se integren armoniosamente en el entorno urbano, minimizando el impacto visual y manteniendo la accesibilidad para peatones y otros usuarios del espacio público. La implementación de estaciones de carga en lugares estratégicos, como terminales de autobuses y estaciones de tren, permite optimizar el uso de recursos y facilita el acceso a la infraestructura de carga para los operadores de transporte público. Además, la tecnología de carga inalámbrica y los sistemas de carga en ruta, como los carriles de carga inductiva, ofrecen soluciones innovadoras que pueden mejorar la eficiencia de la infraestructura de carga y reducir la necesidad de espacio físico (Cohen & Shaheen, 2018).

Avances en Tecnología de Baterías y Energías Renovables

La tecnología de baterías ha evolucionado considerablemente en los últimos años, haciendo posible que los vehículos eléctricos tengan una autonomía cada vez mayor y una vida útil más prolongada. Las baterías de iones de litio son las más comunes en la actualidad, aunque se están desarrollando nuevas tecnologías, como las baterías de estado sólido, que prometen ofrecer mayor eficiencia energética y tiempos de carga más cortos. Estos avances son cruciales para el éxito de la electrificación del transporte, ya que permiten a los vehículos eléctricos recorrer mayores distancias sin necesidad de recargar, lo cual es particularmente beneficioso para las rutas de transporte público de larga distancia (International Energy Agency [IEA], 2022).

Además, la integración de energías renovables en la red de carga es fundamental para maximizar los beneficios ambientales de la electrificación. Al utilizar fuentes de energía como la solar y la eólica, las ciudades pueden reducir aún más las emisiones de carbono y asegurar que la electricidad utilizada para cargar los vehículos sea limpia y sostenible. Para los ingenieros civiles, esto implica el diseño de infraestructuras de carga que puedan adaptarse a diversas fuentes de energía y maximizar el uso de energías renovables, lo que requiere una planificación cuidadosa y una colaboración estrecha con el sector energético (Litman, 2021).

Desafíos en la Implementación y Mantenimiento de Sistemas de Transporte Eléctricos

La electrificación del transporte urbano presenta varios desafíos logísticos y técnicos. Uno de los principales es el costo inicial de las infraestructuras de carga y de los vehículos eléctricos, que puede ser significativamente mayor que el de los vehículos convencionales. Aunque los costos de operación de los vehículos eléctricos tienden a ser menores debido a su menor consumo de energía y mantenimiento, la inversión inicial sigue siendo un obstáculo para muchas ciudades, especialmente aquellas con presupuestos limitados (Cervero & Murakami, 2009).

Otro desafío es el mantenimiento y la gestión de la infraestructura de carga y las redes eléctricas. La demanda de electricidad en una ciudad densamente poblada puede ser considerablemente alta, especialmente en horas pico, lo que requiere un sistema de gestión de energía eficiente que evite la sobrecarga de la red. Para los ingenieros civiles, esto implica desarrollar soluciones que optimicen el uso de energía y minimicen el desgaste de la infraestructura de carga, asegurando que los sistemas de transporte eléctrico sean sostenibles y funcionales a largo plazo.

Además, la capacitación y el desarrollo de habilidades técnicas en el personal de transporte y mantenimiento son cruciales para la adopción de sistemas de transporte eléctricos. La tecnología de los vehículos eléctricos es distinta de la de los vehículos de combustión, y los equipos de mantenimiento necesitan contar con los conocimientos adecuados para operar y reparar estos vehículos de manera segura y eficiente. Para los ingenieros civiles, esto también significa trabajar en colaboración con el sector educativo y profesional para garantizar que los trabajadores tengan las habilidades necesarias para apoyar la transición hacia el transporte eléctrico (Gössling, 2021).

La electrificación del transporte urbano representa un paso crucial hacia la sostenibilidad y la mejora de la calidad de vida en las ciudades. Al reducir las emisiones y la contaminación, los sistemas de transporte eléctricos contribuyen a un entorno urbano más limpio y saludable, promoviendo una movilidad que es tanto eficiente como respetuosa con el medio ambiente. Para los ingenieros civiles, la electrificación del transporte implica el diseño de infraestructuras avanzadas y adaptativas que respondan a las demandas de una movilidad más sostenible y accesible.

Este cambio hacia la electrificación no solo es una oportunidad para mejorar el transporte urbano, sino también una responsabilidad para asegurar que las ciudades se adapten a los desafíos del futuro. Mediante la implementación de estaciones de carga innovadoras, el desarrollo de tecnologías de baterías eficientes y el uso de energías renovables, los ingenieros civiles están en el centro de esta transformación, liderando el camino hacia un transporte urbano que responde a las necesidades de sostenibilidad y resiliencia de nuestra era.

4.2 Movilidad como Servicio (MaaS): Integración y Flexibilidad en el Transporte Urbano

La Movilidad como Servicio (MaaS, por sus siglas en inglés) es una innovadora estrategia de transporte urbano que integra múltiples opciones de movilidad en una sola plataforma digital, ofreciendo a los usuarios la posibilidad de planificar, reservar y pagar sus desplazamientos desde una aplicación o sitio web. Este modelo transforma la manera en que los ciudadanos interactúan con el transporte, brindándoles acceso a opciones como transporte público, bicicletas compartidas, vehículos de ride-sharing y scooters eléctricos en un solo lugar (Cohen & Shaheen, 2018). La MaaS promueve una movilidad más flexible, accesible y sostenible, ya que facilita la adopción de medios de transporte ecológicos y reduce la dependencia del automóvil privado. Este apartado explora los beneficios, desafíos y principios de la MaaS, y el papel de los ingenieros civiles en la infraestructura y tecnología que hacen posible este modelo.

Principios y Ventajas de la MaaS

El modelo MaaS se basa en la simplicidad y la accesibilidad. Al combinar diversas opciones de transporte en una sola aplicación, la MaaS permite a los usuarios organizar sus desplazamientos de manera más eficiente y personalizada. Uno de los principios clave de la MaaS es la integración de modos de transporte en una plataforma digital única, que no solo simplifica el proceso de planificación del viaje, sino que también permite a los usuarios comparar opciones y elegir la que mejor se adapte a sus necesidades en términos de tiempo, costo y sostenibilidad (Docherty et al., 2018).

La MaaS ofrece múltiples ventajas para las ciudades y sus habitantes. Para los ciudadanos, este modelo facilita el acceso a opciones de transporte sostenibles, promoviendo el uso del transporte público, bicicletas y otros medios de transporte compartido, lo que ayuda a reducir la congestión y las emisiones de gases de efecto invernadero. Para los ingenieros civiles y urbanistas, la MaaS representa una oportunidad de diseñar ciudades más habitables y conectadas, donde los servicios de movilidad están al alcance de todos los habitantes y se integran de manera eficiente en el entorno urbano (Gössling, 2021).

La Infraestructura de MaaS y el Rol de los Ingenieros Civiles

La implementación de MaaS requiere una infraestructura tecnológica avanzada y una conectividad robusta que permita a los ciudadanos acceder a servicios de transporte en tiempo real. Los ingenieros civiles desempeñan un papel esencial en el diseño de infraestructuras físicas y digitales que soporten este modelo. Esto incluye la creación de puntos de interconexión donde los usuarios puedan cambiar de un modo de transporte a otro de manera fluida, como estaciones de tren integradas con terminales de bicicletas compartidas o paradas de autobús interconectadas con estaciones de scooters eléctricos.

Además, la infraestructura de datos es fundamental para el éxito de la MaaS. Los ingenieros deben colaborar con desarrolladores de software y operadores de transporte para crear sistemas que recopilen, gestionen y compartan información en tiempo real sobre la disponibilidad y tiempos de espera de cada opción de transporte. Estos datos permiten a los usuarios tomar decisiones informadas y mejoran la eficiencia del sistema de transporte en su conjunto. Asimismo, la infraestructura de pago digital permite que los usuarios paguen por varios servicios de transporte en una sola transacción, lo cual facilita su adopción y uso (Litman, 2021).

Sostenibilidad y Reducción de la Dependencia del Automóvil

Uno de los mayores beneficios de la MaaS es su potencial para reducir la dependencia del automóvil privado, promoviendo modos de transporte más sostenibles y eficientes. Al ofrecer una variedad de opciones de transporte en una sola plataforma, la MaaS facilita la movilidad multimodal, permitiendo que los usuarios combinen diferentes medios de transporte según sus necesidades específicas. Por ejemplo, un usuario puede tomar un tren para la mayor parte de su trayecto y, al llegar a la estación final, utilizar una bicicleta compartida o un scooter para recorrer la última milla. Este modelo de movilidad reduce la necesidad de utilizar el automóvil privado, lo que a su vez disminuye la congestión y las emisiones (Banister, 2018).

Además, la MaaS fomenta la movilidad activa y el uso de medios de transporte de bajas emisiones. Al integrar opciones como bicicletas compartidas y scooters eléctricos, las ciudades pueden reducir la huella de carbono de los desplazamientos urbanos y mejorar la salud pública al promover un estilo de vida más activo. Para los ingenieros civiles, este enfoque requiere la planificación de infraestructuras de movilidad activa, como ciclovías y zonas peatonales, que permitan una transición fluida entre distintos modos de transporte y garanticen la seguridad de todos los usuarios (Pucher & Buehler, 2019).

Desafíos en la Implementación y Adopción de MaaS

A pesar de sus múltiples beneficios, la implementación de la MaaS enfrenta varios desafíos. Uno de los principales obstáculos es la fragmentación entre operadores de transporte. En muchas ciudades, los servicios de transporte público, bicicletas compartidas y otros modos de movilidad están gestionados por distintas entidades, lo que dificulta la integración de todos estos servicios en una sola plataforma (Rodrigue, 2020). La colaboración entre los diferentes actores del sector de transporte es esencial para superar esta fragmentación y permitir una experiencia de usuario fluida y sin interrupciones.

Otro desafío importante es la accesibilidad y equidad en el acceso a la MaaS. Para que este modelo sea realmente inclusivo, es fundamental que todos los ciudadanos, independientemente de su nivel socioeconómico, puedan acceder a los servicios de movilidad integrados. Esto implica considerar opciones de pago asequibles, como tarifas reducidas para estudiantes y personas de bajos ingresos, y garantizar que los servicios de movilidad estén disponibles en todas las áreas de la ciudad, incluidas las zonas periféricas y de bajos ingresos. Los ingenieros civiles y los planificadores urbanos tienen la responsabilidad de diseñar infraestructuras que garanticen una distribución equitativa de los servicios de movilidad y que estos sean accesibles para todos (Cohen & Shaheen, 2018).

La Movilidad como Servicio (MaaS) es una estrategia transformadora que puede revolucionar la forma en que los ciudadanos interactúan con el transporte urbano, promoviendo un enfoque multimodal, flexible y sostenible. Al integrar diversos modos de transporte en una sola plataforma, la MaaS facilita el acceso a opciones de movilidad eficientes y ecológicas, reduciendo la dependencia del automóvil privado y mejorando la calidad de vida en las ciudades. Para los ingenieros civiles, la implementación de MaaS representa una oportunidad de innovar en el diseño de infraestructuras físicas y digitales que soporten este modelo y promuevan una movilidad inclusiva y respetuosa con el medio ambiente.

Sin embargo, la MaaS no está exenta de desafíos. Su éxito depende de una colaboración estrecha entre operadores de transporte, autoridades locales y expertos en tecnología, así como de una infraestructura adecuada que permita a los usuarios acceder fácilmente a servicios de transporte integrados y en tiempo real. A medida que las ciudades evolucionan hacia un futuro más sostenible, la MaaS se presenta como una herramienta poderosa para transformar el transporte urbano en un sistema que sea tanto eficiente como accesible, ofreciendo a los ciudadanos la libertad de elegir la opción de movilidad que mejor se adapte a sus necesidades y al mismo tiempo reduciendo su impacto en el planeta.

4.3 Vehículos Autónomos y Conectados: Innovación y Retos en el Transporte Urbano

La llegada de los vehículos autónomos y conectados representa uno de los desarrollos más revolucionarios en la historia del transporte urbano. Estos vehículos, equipados con tecnología avanzada de sensores, inteligencia artificial (IA) y conectividad en tiempo real, tienen el potencial de transformar profundamente la manera en que las personas se desplazan por la ciudad, así como de cambiar la estructura y diseño de las infraestructuras urbanas. Los vehículos autónomos prometen mejorar la seguridad vial, reducir la congestión y optimizar el uso de los recursos energéticos, al tiempo que los vehículos conectados permiten una interacción constante con otros sistemas de movilidad, brindando datos valiosos para la gestión eficiente del tráfico (Docherty et al., 2018). Este apartado explora los beneficios, desafíos y principios de los vehículos autónomos y conectados en el contexto del transporte urbano y analiza el rol de los ingenieros civiles en la adaptación de infraestructuras para facilitar su integración.

Ventajas de los Vehículos Autónomos en la Movilidad Urbana

Los vehículos autónomos ofrecen múltiples beneficios en términos de seguridad y eficiencia. Al eliminar la intervención humana en la conducción, estos vehículos tienen el potencial de reducir drásticamente los accidentes de tráfico, muchos de los cuales son causados por errores humanos (Banister, 2018). Los vehículos autónomos están diseñados para reaccionar en fracciones de segundo ante situaciones imprevistas, lo que mejora la seguridad de todos los usuarios de la vía. Además, la tecnología de estos vehículos permite que mantengan una distancia segura con otros automóviles y que adapten su velocidad y rutas de acuerdo con las condiciones del tráfico, lo que optimiza el flujo vehicular y reduce los embotellamientos en las áreas urbanas.

Los vehículos autónomos también ofrecen la oportunidad de mejorar la accesibilidad del transporte urbano para personas con movilidad reducida, ancianos y aquellos que no cuentan con una licencia de conducir. Al brindar un transporte eficiente y accesible, estos vehículos permiten que una mayor cantidad de personas se desplace por la ciudad sin necesidad de depender del transporte privado o público tradicional (Cohen & Shaheen, 2018). Para los ingenieros civiles, la implementación de vehículos autónomos significa diseñar infraestructuras adaptadas, como carriles dedicados y estaciones de carga para vehículos eléctricos, que faciliten su funcionamiento seguro y eficiente en el entorno urbano.

Vehículos Conectados y Gestión Inteligente del Tráfico

Los vehículos conectados son una extensión de los vehículos autónomos, con la capacidad de comunicarse en tiempo real con otros vehículos, infraestructuras y sistemas de control de tráfico. Esta conectividad permite una gestión del tráfico más eficiente, ya que los vehículos pueden recibir información en tiempo real sobre la situación de las vías, condiciones climáticas y posibles incidentes, permitiéndoles tomar decisiones informadas que optimizan el flujo vehicular y reducen la congestión (Litman, 2021). Los sistemas de comunicación V2V (vehículo a vehículo) y V2I (vehículo a infraestructura) son tecnologías clave en el funcionamiento de los vehículos conectados, permitiendo una sincronización constante entre todos los elementos del sistema de transporte.

La capacidad de los vehículos conectados para intercambiar información con semáforos inteligentes, sensores de tráfico y sistemas de gestión de rutas ayuda a minimizar el tiempo de espera y mejora la eficiencia energética, al reducir el consumo de combustible y las emisiones (Rodrigue, 2020). Para los ingenieros civiles, este avance implica diseñar y adaptar infraestructuras con sensores y dispositivos de comunicación que faciliten la conectividad y permitan la recolección y análisis de datos en tiempo real. Esta infraestructura inteligente es esencial para maximizar los beneficios de los vehículos conectados y garantizar una movilidad urbana más fluida y sostenible.

Desafíos en la Implementación de Vehículos Autónomos y Conectados

Aunque los beneficios de los vehículos autónomos y conectados son evidentes, su implementación presenta múltiples desafíos técnicos, éticos y regulatorios. Uno de los principales problemas es la necesidad de infraestructuras adaptadas, ya que las carreteras y calles urbanas actuales no siempre están equipadas para soportar el funcionamiento de vehículos autónomos. La falta de señales de tráfico digitales, semáforos inteligentes y sistemas de comunicación V2I puede limitar la efectividad de estos vehículos y su capacidad para operar de manera segura (Gössling, 2021).

Otro desafío es la seguridad y privacidad de los datos. Los vehículos autónomos y conectados recopilan una gran cantidad de datos sobre los usuarios y el entorno, lo que plantea preocupaciones sobre la protección de la información personal y el riesgo de ciberataques. La posibilidad de que los sistemas de control de los vehículos puedan ser vulnerados es una amenaza que debe abordarse mediante regulaciones estrictas y sistemas de seguridad avanzados. Para los ingenieros civiles, este aspecto representa un reto adicional, ya que la infraestructura de transporte debe diseñarse con medidas de seguridad que prevengan el acceso no autorizado a los sistemas de control y datos de los vehículos (Docherty et al., 2018).

Además, la aceptación pública de los vehículos autónomos también es un desafío, ya que la transición hacia la conducción automatizada puede generar incertidumbre y resistencia entre los usuarios. Es fundamental que los ingenieros y planificadores trabajen en conjunto con el sector público y las comunidades para crear conciencia sobre los beneficios y los aspectos de seguridad de los vehículos autónomos y conectados, fomentando una adopción gradual y confiable.

El Papel de los Ingenieros Civiles en la Integración de Vehículos Autónomos y Conectados

Los ingenieros civiles son actores clave en la integración de vehículos autónomos y conectados en el sistema de transporte urbano. Su responsabilidad incluye el diseño y construcción de infraestructuras que permitan una transición segura hacia una movilidad autónoma, como la creación de carriles exclusivos para vehículos autónomos, la instalación de semáforos inteligentes y la implementación de estaciones de carga para vehículos eléctricos. La planificación de estas infraestructuras no solo debe considerar los aspectos técnicos, sino también la seguridad y accesibilidad para todos los usuarios.

La recopilación y análisis de datos en tiempo real es otro aspecto crucial en el rol de los ingenieros civiles en la implementación de vehículos autónomos y conectados. Los datos generados por estos vehículos pueden proporcionar información valiosa para la planificación urbana y la mejora de infraestructuras. Los ingenieros civiles deben trabajar en colaboración con especialistas en análisis de datos y autoridades de transporte para desarrollar sistemas que utilicen esta información de manera efectiva, optimizando el flujo vehicular y mejorando la calidad de vida en las ciudades.

La sostenibilidad también juega un papel importante en el diseño de infraestructuras para vehículos autónomos. Los ingenieros civiles pueden contribuir a la reducción de la huella de carbono en el transporte urbano al integrar estaciones de carga para vehículos eléctricos y al diseñar sistemas de gestión de tráfico que reduzcan las emisiones. Estos esfuerzos contribuyen a un modelo de transporte más ecológico y eficiente que responde a las demandas de sostenibilidad de las ciudades modernas.

La llegada de los vehículos autónomos y conectados marca el inicio de una nueva era en el transporte urbano, en la que la tecnología y la conectividad redefinen la forma en que las personas se desplazan y experimentan la ciudad. Estos vehículos ofrecen la oportunidad de mejorar la seguridad, reducir la congestión y hacer el transporte más accesible para todos. Sin embargo, su implementación requiere de infraestructuras avanzadas, sistemas de seguridad de datos y una aceptación gradual por parte de los ciudadanos.

Para los ingenieros civiles, la integración de vehículos autónomos y conectados es un desafío apasionante y una oportunidad para innovar en el diseño de infraestructuras urbanas que respondan a las necesidades del siglo XXI. Mediante la planificación cuidadosa, el uso de tecnologías avanzadas y la colaboración con otros sectores, los ingenieros pueden ayudar a construir ciudades más seguras, conectadas y sostenibles, en las que la movilidad autónoma y conectada forme parte del transporte urbano del futuro.

4.4 Gestión Inteligente del Tráfico: Optimización y Eficiencia en la Movilidad Urbana

La gestión inteligente del tráfico es una herramienta fundamental para optimizar el flujo de vehículos en las ciudades y reducir la congestión, las emisiones y el tiempo de viaje. Gracias a los avances tecnológicos, hoy en día es posible utilizar sistemas de inteligencia artificial (IA), sensores, cámaras y análisis de datos en tiempo real para gestionar el tráfico de manera eficiente y en respuesta a las condiciones cambiantes de las vías. Estos sistemas inteligentes permiten no solo la sincronización dinámica de los semáforos, sino también la planificación de rutas óptimas, la identificación de incidentes en tiempo real y la priorización del transporte público (Docherty et al., 2018). Este apartado explora cómo la gestión inteligente del tráfico está transformando la movilidad urbana, sus beneficios, desafíos y el rol de los ingenieros civiles en su implementación.

Tecnologías Clave en la Gestión Inteligente del Tráfico

La gestión inteligente del tráfico se basa en la implementación de tecnologías avanzadas que permiten la recolección, procesamiento y análisis de datos en tiempo real. Entre estas tecnologías destacan los sensores de tráfico, las cámaras de vigilancia y los sistemas de comunicación V2I (vehículo a infraestructura) y V2V (vehículo a vehículo), que permiten que los vehículos y las infraestructuras de tráfico se comuniquen entre sí para mejorar la eficiencia y la seguridad en las carreteras (Rodrigue, 2020). Estas tecnologías recopilan datos sobre el volumen de tráfico, la velocidad de los vehículos y las condiciones de la carretera, los cuales se utilizan para ajustar los semáforos y optimizar las rutas de los vehículos.

La inteligencia artificial (IA) también desempeña un papel crucial en la gestión inteligente del tráfico, ya que permite analizar grandes volúmenes de datos en tiempo real y tomar decisiones instantáneas para mejorar el flujo de vehículos. Los sistemas de IA pueden identificar patrones en el tráfico y predecir situaciones de congestión, ajustando la sincronización de los semáforos y redirigiendo el tráfico en función de la demanda. Además, los sistemas de IA pueden identificar y responder a incidentes, como accidentes o averías, de manera inmediata, facilitando la intervención de los servicios de emergencia y reduciendo el impacto en el tráfico (Banister, 2018).

Beneficios de la Gestión Inteligente del Tráfico

La implementación de sistemas de gestión inteligente del tráfico ofrece múltiples beneficios tanto para la eficiencia del transporte como para el medio ambiente. Al optimizar el flujo de vehículos, estos sistemas reducen los tiempos de viaje y disminuyen la congestión en las zonas urbanas, lo que mejora la experiencia de los usuarios y hace el transporte más accesible y predecible. Además, al reducir el tiempo que los vehículos pasan en ralentí o en situaciones de frenado constante, se disminuye el consumo de combustible y las emisiones de gases de efecto invernadero, contribuyendo a los objetivos de sostenibilidad urbana (Litman, 2021).

Otra ventaja importante de la gestión inteligente del tráfico es la mejora en la seguridad vial. Al identificar incidentes de tráfico en tiempo real y ajustar el flujo de vehículos, estos sistemas pueden reducir el riesgo de accidentes y mejorar la seguridad de todos los usuarios de la vía. Asimismo, la priorización del transporte público en los semáforos puede hacer que los autobuses y tranvías sean más eficientes y atractivos para los usuarios, incentivando el uso de medios de transporte sostenibles y reduciendo la cantidad de automóviles en circulación (Cohen & Shaheen, 2018).

Desafíos en la Implementación de Sistemas de Gestión Inteligente del Tráfico

A pesar de sus múltiples beneficios, la implementación de sistemas de gestión inteligente del tráfico enfrenta varios desafíos técnicos, económicos y sociales. Uno de los principales obstáculos es el alto costo de instalación y mantenimiento de la infraestructura necesaria, que incluye sensores, cámaras, sistemas de comunicación y servidores de datos. Para muchas ciudades, especialmente aquellas con presupuestos limitados, la inversión inicial puede ser un impedimento significativo (Gössling, 2021). Además, la actualización de infraestructuras antiguas para adaptarlas a los sistemas inteligentes puede ser costosa y compleja.

Otro desafío importante es la privacidad y seguridad de los datos. Los sistemas de gestión inteligente del tráfico recopilan grandes cantidades de información sobre los patrones de desplazamiento y la actividad de los vehículos, lo cual plantea preocupaciones sobre la protección de la privacidad de los usuarios. La implementación de estos sistemas requiere de protocolos de seguridad avanzados y de un marco regulatorio que garantice la protección de los datos personales y minimice el riesgo de ciberataques (Docherty et al., 2018).

La aceptación pública también representa un reto en la adopción de tecnologías de gestión inteligente del tráfico. Aunque los beneficios son claros, algunas personas pueden mostrar reticencia ante la idea de que sus desplazamientos sean monitoreados y gestionados de manera automatizada. La transparencia en el uso de los datos y una comunicación eficaz sobre los beneficios de estos sistemas son fundamentales para ganar la confianza del público y asegurar una adopción exitosa.

El Papel de los Ingenieros Civiles en la Gestión Inteligente del Tráfico

Los ingenieros civiles desempeñan un rol esencial en el diseño, implementación y mantenimiento de sistemas de gestión inteligente del tráfico. Su trabajo implica no solo la instalación de la infraestructura necesaria, sino también la adaptación de las infraestructuras urbanas existentes para soportar nuevas tecnologías. Los ingenieros civiles son responsables de integrar sensores y dispositivos de comunicación en las vías, diseñar sistemas de tráfico que respondan a las condiciones dinámicas y garantizar que las infraestructuras se mantengan en óptimas condiciones para un funcionamiento seguro y eficiente

Además, los ingenieros civiles colaboran estrechamente con analistas de datos y especialistas en tecnología para desarrollar algoritmos que optimicen la gestión del tráfico y permitan la toma de decisiones en tiempo real. Esta colaboración es crucial para aprovechar al máximo los datos generados por los sistemas inteligentes y garantizar que las infraestructuras urbanas respondan de manera óptima a las necesidades de la ciudad.

Otro aspecto importante en el trabajo de los ingenieros civiles es la planificación y el diseño de infraestructuras que promuevan la sostenibilidad. Los sistemas de gestión inteligente del tráfico no solo optimizan el flujo de vehículos, sino que también permiten la priorización del transporte público y la movilidad activa, como el ciclismo y caminar, en áreas urbanas. Al diseñar infraestructuras que favorezcan estos modos de transporte sostenibles, los ingenieros civiles contribuyen a reducir la huella de carbono del transporte urbano y a crear un entorno más accesible y saludable para los habitantes.

La gestión inteligente del tráfico es una estrategia transformadora para mejorar la movilidad urbana, haciendo el transporte más eficiente, seguro y sostenible. A través de tecnologías avanzadas, como la inteligencia artificial, los sensores y la conectividad en tiempo real, estos sistemas permiten reducir la congestión, disminuir las emisiones y mejorar la seguridad vial. Sin embargo, su implementación presenta desafíos técnicos, económicos y sociales que deben abordarse para asegurar que los beneficios de la gestión inteligente del tráfico lleguen a todos los ciudadanos.

Para los ingenieros civiles, la gestión inteligente del tráfico es una oportunidad para innovar en el diseño de infraestructuras urbanas que respondan a las demandas de movilidad del siglo XXI. Mediante la planificación cuidadosa, la colaboración interdisciplinaria y el uso de tecnologías sostenibles, los ingenieros pueden liderar en la creación de ciudades en las que el tráfico se gestione de manera eficiente y respetuosa con el medio ambiente, mejorando así la calidad de vida de los habitantes y avanzando hacia un futuro de movilidad urbana inteligente.

4.5 Sistemas de Pago Inteligentes en el Transporte Urbano: Conveniencia y Eficiencia para Usuarios y Operadores

Los sistemas de pago inteligentes han revolucionado el transporte urbano, permitiendo que los usuarios paguen de forma rápida, segura y sin contacto. La implementación de tecnologías avanzadas de pago digital, como tarjetas inteligentes, aplicaciones móviles y sistemas de pago sin contacto, no solo ha simplificado la experiencia del usuario, sino que también ha optimizado la operación de los sistemas de transporte, reduciendo costos y mejorando la eficiencia. Este enfoque hace que el transporte sea más accesible y conveniente, eliminando la necesidad de efectivo y facilitando la integración de múltiples modos de transporte en una sola plataforma de pago (Cohen & Shaheen, 2018). Este apartado explora los beneficios, desafíos y principios de los sistemas de pago inteligentes en el transporte urbano y el papel de los ingenieros civiles en la implementación de esta tecnología.

Principios y Beneficios de los Sistemas de Pago Inteligentes

Los sistemas de pago inteligentes están diseñados para facilitar el acceso a múltiples opciones de transporte mediante métodos de pago rápidos y sin interrupciones. Uno de los principios clave de estos sistemas es la integración, que permite a los usuarios pagar por diferentes servicios de transporte —como autobuses, trenes, bicicletas y scooters compartidos— en una sola plataforma, eliminando la necesidad de billetes separados y mejorando la experiencia de usuario (Litman, 2021). La tecnología de pago sin contacto, como las tarjetas de proximidad y las aplicaciones móviles, facilita el proceso de pago, permitiendo que los usuarios accedan al transporte de manera más rápida y cómoda.

La implementación de sistemas de pago inteligentes también beneficia a los operadores de transporte. Al reducir el uso de efectivo, se disminuyen los costos operativos y el riesgo de pérdidas y robos. Además, los sistemas digitales permiten a las agencias de transporte recopilar datos en tiempo real sobre la demanda y el comportamiento de los usuarios, lo cual facilita una planificación y gestión de servicios más eficiente. Para los ingenieros civiles, la integración de sistemas de pago inteligentes en el transporte urbano implica el diseño de infraestructuras que puedan adaptarse a diversas tecnologías de pago y que mejoren la accesibilidad y comodidad para los usuarios (Gössling, 2021).

Integración de Múltiples Modos de Transporte en una Sola Plataforma de Pago

Uno de los mayores beneficios de los sistemas de pago inteligentes es su capacidad para integrar diversos modos de transporte en una sola plataforma. Esta integración permite a los usuarios planificar y pagar sus desplazamientos de manera fluida, combinando diferentes opciones de transporte según sus necesidades, sin necesidad de realizar múltiples transacciones. Este enfoque se enmarca dentro del concepto de Movilidad como Servicio (MaaS), que permite a los usuarios acceder a varios modos de transporte desde una sola aplicación, ofreciendo una experiencia de usuario mejorada y promoviendo el uso de medios de transporte sostenibles y compartidos (Banister, 2018).

La integración de modos de transporte en una sola plataforma de pago requiere una infraestructura robusta que soporte el procesamiento en tiempo real de múltiples transacciones y que garantice la seguridad de los datos del usuario. Además, los sistemas de pago inteligentes deben ser accesibles para todos los ciudadanos, independientemente de su nivel de conocimiento tecnológico o acceso a dispositivos digitales (Smith, 2023). Para los ingenieros civiles, el reto es diseñar sistemas de pago que sean inclusivos y accesibles, asegurando que todos los usuarios puedan beneficiarse de una experiencia de pago simplificada y sin fricciones.

Seguridad y Privacidad en los Sistemas de Pago Digital

La seguridad y privacidad son aspectos críticos en la implementación de sistemas de pago inteligentes. A medida que los usuarios realizan transacciones a través de dispositivos móviles o tarjetas sin contacto, es fundamental garantizar que la información personal y financiera esté protegida contra el fraude y el acceso no autorizado. Los sistemas de pago inteligentes deben estar diseñados con medidas de seguridad avanzadas, como la encriptación de datos y la autenticación de múltiples factores, que aseguren la protección de la información del usuario en todo momento (Cohen & Shaheen, 2018).

Para los ingenieros civiles, esto significa trabajar en colaboración con expertos en ciberseguridad y desarrolladores de software para implementar soluciones que minimicen el riesgo de violaciones de datos y que cumplan con las normativas de privacidad vigentes. Además, es importante que los sistemas de pago inteligentes ofrezcan transparencia sobre el uso de los datos, permitiendo que los usuarios tengan control sobre la información que comparten y cómo esta es utilizada en la plataforma.

Accesibilidad y Equidad en el Acceso a los Sistemas de Pago Inteligentes

A pesar de sus múltiples beneficios, la implementación de sistemas de pago digitales plantea el desafío de asegurar que todos los ciudadanos puedan acceder a estos servicios de manera equitativa. En muchas ciudades, no todos los usuarios tienen acceso a dispositivos móviles o tarjetas bancarias, lo que podría limitar su capacidad para utilizar los sistemas de pago inteligentes. Para que estos sistemas sean inclusivos, es importante considerar opciones alternativas de pago, como tarjetas prepago y descuentos para personas de bajos ingresos (Litman, 2021).

Además, es fundamental garantizar que los sistemas de pago inteligentes sean accesibles en todas las áreas de la ciudad, incluidas aquellas con menor densidad de población o con menor acceso a la tecnología. Para los ingenieros civiles, el diseño de sistemas de pago accesibles significa desarrollar infraestructuras que soporten métodos de pago flexibles y que estén distribuidas equitativamente en el espacio urbano, asegurando que todos los ciudadanos puedan beneficiarse de una experiencia de transporte conveniente y accesible.

Los sistemas de pago inteligentes son una herramienta clave para mejorar la experiencia de usuario en el transporte urbano, ofreciendo una alternativa de pago rápida, segura y sin contacto que facilita el acceso a múltiples opciones de movilidad. Al integrar diversos modos de transporte en una sola plataforma de pago, estos sistemas permiten una movilidad más fluida y sostenible, incentivando el uso de medios de transporte compartidos y reduciendo la dependencia del automóvil privado. Para los ingenieros civiles, la implementación de sistemas de pago inteligentes es una oportunidad de innovar en el diseño de infraestructuras que faciliten una experiencia de usuario mejorada y que contribuyan a la eficiencia operativa del transporte urbano.

Sin embargo, para que estos sistemas tengan éxito, es fundamental que sean inclusivos, seguros y accesibles para todos los ciudadanos. La protección de datos, la accesibilidad en áreas desfavorecidas y la equidad en el acceso a la tecnología son desafíos que deben abordarse para asegurar que los beneficios de los sistemas de pago inteligentes lleguen a toda la población. A medida que las ciudades avanzan hacia un futuro más digital y conectado, los sistemas de pago inteligentes representan una herramienta poderosa para transformar el transporte urbano en un servicio accesible y eficiente, en el que la conveniencia y la sostenibilidad se integran en una experiencia de movilidad completa.

CAPITULO 5
LA CIUDAD DEL FUTURO: INNOVACIÓN Y
SOSTENIBILIDAD EN LA PLANIFICACIÓN URBANA

Capítulo 5: La Ciudad del Futuro: Innovación y Sostenibilidad en la Planificación Urbana

El concepto de la "ciudad del futuro" evoca un entorno urbano en el que la tecnología, la sostenibilidad y el bienestar humano se integran para crear espacios que no solo responden a las necesidades actuales, sino que también anticipan y adaptan sus infraestructuras y servicios a los desafíos del mañana. En un mundo marcado por el crecimiento poblacional, el cambio climático y la escasez de recursos, la planificación urbana del futuro se enfrenta a la tarea de diseñar ciudades resilientes, inclusivas y tecnológicamente avanzadas, capaces de evolucionar con sus habitantes y con el entorno que las rodea.

La ciudad del futuro no es solo una utopía futurista; es un objetivo alcanzable mediante la implementación de innovaciones que ya están dando forma a algunas de las ciudades más avanzadas del mundo. Desde edificios inteligentes y autosuficientes hasta redes de transporte autónomas y sistemas de energía renovable descentralizados, los elementos que componen esta visión están emergiendo como piezas clave para la transformación de las áreas urbanas. En este capítulo, exploraremos cómo los avances en la tecnología y en la sostenibilidad están cambiando los principios de la planificación urbana y creando un modelo de ciudad en el que la vida urbana es sinónimo de equilibrio entre las necesidades humanas y los límites ambientales.

La tecnología como pilar de la ciudad del futuro

La tecnología desempeña un papel fundamental en el desarrollo de ciudades más inteligentes y eficientes. Los sistemas de sensores, la inteligencia artificial, el Internet de las Cosas (IoT) y el análisis de big data permiten a las ciudades recopilar y analizar información en tiempo real, facilitando la toma de decisiones y la optimización de los servicios públicos. Gracias a estas innovaciones, los responsables de la planificación urbana pueden gestionar el tráfico de manera más eficiente, mejorar la seguridad, reducir el consumo de energía y responder a las emergencias de forma rápida y eficaz (Docherty et al., 2018).

Además, la tecnología también está revolucionando la construcción de edificios inteligentes que utilizan sensores y sistemas automatizados para regular la temperatura, la iluminación y el consumo de energía, minimizando su impacto ambiental. La incorporación de estos edificios en el tejido urbano contribuye a crear ciudades que consumen menos recursos y que, al mismo tiempo, ofrecen un entorno de vida más saludable y confortable. Para los ingenieros civiles, esto implica un nuevo paradigma en el diseño de infraestructuras, en el que la tecnología y la sostenibilidad se combinan para crear estructuras que no solo sirven a sus habitantes, sino que también protegen el entorno natural (Gössling, 2021).

Sostenibilidad y resiliencia: ciudades preparadas para el cambio

La sostenibilidad es un componente esencial de la ciudad del futuro. Frente a los desafíos del cambio climático, el agotamiento de los recursos y la pérdida de biodiversidad, las ciudades deben adoptar prácticas que reduzcan su huella ecológica y que promuevan la conservación de los ecosistemas circundantes. El desarrollo de infraestructuras verdes, como parques, techos verdes y sistemas de captación de agua de lluvia, contribuye a mitigar el efecto de las islas de calor, mejora la calidad del aire y ayuda a gestionar las precipitaciones de manera eficiente (Banister, 2018).

La resiliencia es otro aspecto fundamental en el diseño de la ciudad del futuro. Las infraestructuras urbanas deben estar preparadas para resistir y adaptarse a fenómenos extremos, como inundaciones, sequías y olas de calor, que serán cada vez más frecuentes debido al cambio climático. Esto requiere de una planificación cuidadosa y del uso de materiales duraderos y sostenibles que permitan a las infraestructuras urbanas soportar el desgaste del tiempo y las condiciones climáticas adversas. Para los ingenieros civiles, la resiliencia urbana representa un desafío técnico y logístico, pero también una oportunidad para desarrollar infraestructuras que puedan proteger y servir a las comunidades en tiempos de crisis (Rodrigue, 2020).

Inclusión y calidad de vida en la planificación del futuro

La ciudad del futuro no solo se centrará en la tecnología y la sostenibilidad, sino que también pondrá a las personas en el centro de su planificación. La inclusión y la calidad de vida son aspectos esenciales en el diseño de ciudades modernas que buscan mejorar el bienestar de todos sus habitantes, sin importar su nivel socioeconómico o su ubicación. La creación de espacios públicos accesibles, la promoción de la movilidad activa y el acceso a servicios básicos de calidad son elementos fundamentales en la construcción de ciudades más justas y equitativas.

La planificación urbana del futuro debe garantizar que todos los ciudadanos tengan acceso a oportunidades de desarrollo y a un entorno de vida saludable. Esto implica la creación de políticas que promuevan la equidad en el acceso a servicios como educación, salud, transporte y vivienda. Para los ingenieros civiles, el diseño de infraestructuras inclusivas y accesibles es una prioridad en el desarrollo de ciudades del futuro, ya que estas infraestructuras no solo mejoran la calidad de vida de los habitantes, sino que también fomentan la cohesión social y el sentido de comunidad.

Innovación y el papel de los ingenieros civiles en la ciudad del futuro

El rol de los ingenieros civiles en la construcción de la ciudad del futuro es fundamental. Su trabajo no solo implica la construcción de infraestructuras, sino también la integración de tecnologías sostenibles y la planificación de sistemas que respondan a las demandas de una sociedad en constante cambio. La ingeniería civil debe adaptarse a un nuevo paradigma en el que las infraestructuras no solo cumplan una función técnica, sino que también promuevan la sostenibilidad, la resiliencia y el bienestar de los ciudadanos (Litman, 2021).

Además, los ingenieros civiles deben liderar en la implementación de innovaciones como los edificios de consumo energético casi nulo, los sistemas de transporte autónomos, las redes de energía distribuida y las infraestructuras de gestión de residuos avanzadas. La ciudad del futuro requiere de un enfoque multidisciplinario y de una colaboración estrecha entre ingenieros, urbanistas, arquitectos y expertos en tecnología y medio ambiente. Para los ingenieros civiles, esto significa no solo adoptar nuevas tecnologías, sino también fomentar una visión integral de la planificación urbana que considere tanto las necesidades humanas como los límites del planeta.

La construcción de la ciudad del futuro no es un proyecto a corto plazo; es un compromiso con el bienestar de las generaciones presentes y futuras. Para los ingenieros civiles, esta visión representa una oportunidad única de contribuir al desarrollo de ciudades que no solo respondan a los desafíos actuales, sino que también anticipen y se adapten a las necesidades de un mundo en constante cambio. Con un enfoque en la innovación, la sostenibilidad y la inclusión, la ciudad del futuro es más que un ideal; es el siguiente paso hacia un entorno urbano que esté al servicio de las personas y del planeta.

5.1 Infraestructuras Inteligentes: Adaptación y Eficiencia en la Ciudad del Futuro

Las infraestructuras inteligentes son el corazón de la ciudad del futuro. Estas estructuras no solo cumplen funciones tradicionales, como el transporte, la gestión de recursos y el suministro de servicios básicos, sino que también incorporan tecnologías avanzadas para optimizar su rendimiento, adaptarse a las necesidades cambiantes de las ciudades y reducir su impacto ambiental. Equipadas con sensores, sistemas de monitoreo y capacidades de respuesta automatizada, las infraestructuras inteligentes ofrecen soluciones innovadoras para enfrentar los desafíos de la urbanización, el cambio climático y la sostenibilidad (Docherty et al., 2018). Este apartado analiza cómo estas infraestructuras están transformando la planificación urbana, sus beneficios, desafíos y el papel fundamental de los ingenieros civiles en su desarrollo.

Características y Beneficios de las Infraestructuras Inteligentes

Las infraestructuras inteligentes se caracterizan por su capacidad para recopilar, analizar y actuar sobre datos en tiempo real. Mediante el uso de sensores, el Internet de las Cosas (IoT) y sistemas de inteligencia artificial (IA), estas infraestructuras pueden monitorear su estado y rendimiento, detectar fallos y optimizar sus funciones de manera autónoma. Por ejemplo, un puente inteligente equipado con sensores puede alertar sobre problemas estructurales antes de que estos representen un riesgo para los usuarios, permitiendo un mantenimiento preventivo y reduciendo los costos asociados a reparaciones mayores (Rodrigue, 2020).

Uno de los principales beneficios de las infraestructuras inteligentes es su capacidad para mejorar la eficiencia en el uso de recursos. Sistemas como redes de energía inteligentes (smart grids) optimizan la distribución y el consumo de electricidad, reduciendo pérdidas y promoviendo el uso de energías renovables. Asimismo, las infraestructuras inteligentes pueden mejorar la gestión del agua mediante sistemas de detección de fugas y distribución eficiente, garantizando un acceso sostenible al recurso (Gössling, 2021). Para los ingenieros civiles, el diseño y la implementación de estas infraestructuras representan una oportunidad de liderar en la creación de ciudades más eficientes, sostenibles y resilientes.

Aplicaciones en el Transporte y la Movilidad Urbana

En el ámbito del transporte, las infraestructuras inteligentes están revolucionando la movilidad urbana. Sistemas como semáforos inteligentes, estaciones de carga para vehículos eléctricos y carriles dedicados para vehículos autónomos optimizan el flujo de tráfico y mejoran la experiencia de los usuarios. Por ejemplo, los semáforos inteligentes, conectados a redes de monitoreo de tráfico, ajustan sus ciclos en tiempo real para minimizar la congestión y reducir los tiempos de espera (Litman, 2021). Este tipo de tecnología no solo mejora la eficiencia del transporte, sino que también reduce las emisiones de gases de efecto invernadero asociadas con los atascos.

Las estaciones de carga inteligentes para vehículos eléctricos representan otra aplicación clave de las infraestructuras inteligentes. Estas estaciones están equipadas con tecnologías que permiten una carga rápida y eficiente, y pueden integrarse con redes de energía renovable para minimizar su huella de carbono. Además, las infraestructuras de transporte inteligente permiten la recolección de datos sobre patrones de movilidad, que pueden ser utilizados para planificar rutas de transporte público más eficientes y accesibles (Cohen & Shaheen, 2018).

Retos en el Desarrollo de Infraestructuras Inteligentes

A pesar de sus numerosos beneficios, las infraestructuras inteligentes enfrentan varios desafíos en su desarrollo e implementación. Uno de los mayores obstáculos es el costo inicial de instalación, que puede ser significativamente más alto que el de las infraestructuras convencionales. Este costo incluye no solo los materiales y la construcción, sino también los sistemas tecnológicos avanzados y la capacitación del personal necesario para operarlos (Banister, 2018). Para muchas ciudades, especialmente aquellas con recursos limitados, este factor puede ser un impedimento importante.

Otro desafío clave es la seguridad de los datos. Las infraestructuras inteligentes recopilan grandes cantidades de información sobre sus usuarios y su entorno, lo que plantea riesgos en términos de privacidad y ciberseguridad. Los sistemas deben ser diseñados con medidas de protección avanzadas para garantizar que los datos sean seguros y que las infraestructuras estén protegidas contra posibles ataques cibernéticos (Docherty et al., 2018).

Además, la interoperabilidad entre diferentes sistemas y tecnologías es otro desafío crítico. Las infraestructuras inteligentes requieren una integración perfecta entre múltiples sistemas, como redes de transporte, servicios públicos y plataformas digitales, lo que puede ser complicado debido a la diversidad de estándares y tecnologías utilizados por diferentes proveedores. Para los ingenieros civiles, esto significa trabajar en estrecha colaboración con expertos en tecnología y reguladores para garantizar que las infraestructuras sean compatibles y operen de manera cohesiva.

Rol de los Ingenieros Civiles en las Infraestructuras Inteligentes

Los ingenieros civiles son fundamentales en el diseño, desarrollo e implementación de infraestructuras inteligentes. Su trabajo abarca desde la planificación y construcción de estructuras físicas hasta la integración de tecnologías avanzadas que permitan a estas infraestructuras adaptarse y responder a las necesidades urbanas. Esto incluye la incorporación de sensores, sistemas de monitoreo y redes de comunicación en carreteras, puentes, edificios y otras infraestructuras críticas.

Además, los ingenieros civiles deben asegurarse de que estas infraestructuras sean sostenibles y resilientes. Esto implica utilizar materiales duraderos y de bajo impacto ambiental, así como diseñar sistemas que puedan resistir condiciones climáticas extremas y adaptarse a cambios futuros en las necesidades urbanas. La capacidad de los ingenieros civiles para innovar y liderar en el desarrollo de infraestructuras inteligentes será esencial para el éxito de la ciudad del futuro (Rodrigue, 2020).

Las infraestructuras inteligentes son un componente esencial de la ciudad del futuro, ofreciendo soluciones innovadoras para los desafíos de la urbanización, el cambio climático y la sostenibilidad. A través de tecnologías avanzadas como el IoT, la inteligencia artificial y los sistemas de monitoreo en tiempo real, estas infraestructuras mejoran la eficiencia, reducen los costos y promueven un uso más sostenible de los recursos. Sin embargo, su desarrollo también plantea desafíos técnicos, económicos y de seguridad que deben ser abordados con cuidado.

Para los ingenieros civiles, el diseño y la implementación de infraestructuras inteligentes representan una oportunidad de liderar en la creación de ciudades más resilientes, sostenibles y habitables. A medida que las ciudades evolucionan hacia un futuro más tecnológico y conectado, las infraestructuras inteligentes no solo transformarán la forma en que vivimos y trabajamos, sino que también sentarán las bases para un entorno urbano que responda de manera proactiva a las necesidades de sus habitantes y del planeta.

5.2 Edificios Sostenibles e Inteligentes: Pilares de la Ciudad del Futuro

Los edificios sostenibles e inteligentes son elementos clave en la planificación y desarrollo de la ciudad del futuro. Estas construcciones no solo buscan reducir su impacto ambiental mediante el uso eficiente de recursos, sino que también integran tecnología avanzada para optimizar su funcionamiento, mejorar la calidad de vida de sus ocupantes y adaptarse a las necesidades cambiantes del entorno urbano. Equipados con sistemas de gestión automatizados, sensores y tecnologías avanzadas, los edificios sostenibles e inteligentes representan un nuevo paradigma en la arquitectura y la ingeniería, donde la eficiencia, la sostenibilidad y la conectividad convergen para redefinir el entorno construido (Docherty et al., 2018). Este apartado explora los beneficios, características y desafíos de estos edificios, así como el rol de los ingenieros civiles en su diseño e implementación.

Características de los Edificios Sostenibles e Inteligentes

Los edificios sostenibles se diseñan para minimizar su impacto ambiental a lo largo de su ciclo de vida, desde la construcción hasta su operación y demolición. Esto incluye el uso de materiales reciclados y de bajo impacto ambiental, la incorporación de sistemas de eficiencia energética y la implementación de tecnologías de gestión del agua que reducen el consumo y maximizan la reutilización (Gössling, 2021). Por ejemplo, los sistemas de captación y reciclaje de agua de lluvia permiten que los edificios reduzcan su dependencia de fuentes externas, mientras que los paneles solares y las bombas de calor contribuyen a satisfacer sus necesidades energéticas mediante fuentes renovables.

Por otro lado, los edificios inteligentes incorporan tecnología avanzada, como sensores IoT y sistemas de inteligencia artificial, que permiten monitorear y gestionar el consumo de energía, agua y otros recursos en tiempo real. Estos sistemas optimizan automáticamente las condiciones internas, como la iluminación y la climatización, para garantizar el confort de los ocupantes mientras reducen el consumo de energía. Además, los edificios inteligentes están diseñados para integrarse con la infraestructura urbana, permitiendo la comunicación con redes eléctricas inteligentes y sistemas de transporte urbano para mejorar la eficiencia general de la ciudad (Litman, 2021).

Beneficios de los Edificios Sostenibles e Inteligentes

Los edificios sostenibles e inteligentes ofrecen múltiples beneficios ambientales, económicos y sociales. Desde una perspectiva ambiental, estos edificios ayudan a reducir las emisiones de gases de efecto invernadero y la huella de carbono asociada a las actividades urbanas. Al utilizar tecnologías de eficiencia energética y fuentes renovables, los edificios inteligentes minimizan el consumo de energía y contribuyen a la mitigación del cambio climático (Cohen & Shaheen, 2018). Además, al integrar sistemas de gestión del agua, estos edificios promueven la conservación de este recurso vital, lo cual es especialmente relevante en regiones con estrés hídrico.

En términos económicos, los edificios sostenibles e inteligentes generan ahorros significativos en costos operativos debido a su eficiencia energética y al uso eficiente de recursos. Aunque la inversión inicial puede ser mayor, los beneficios a largo plazo, como menores facturas de energía y mantenimiento reducido, compensan ampliamente estos costos (Rodrigue, 2020). Asimismo, estos edificios aumentan el valor de las propiedades y atraen a inquilinos y compradores que buscan espacios modernos, eficientes y respetuosos con el medio ambiente.

Desde una perspectiva social, los edificios inteligentes mejoran la calidad de vida de sus ocupantes al proporcionar espacios saludables, confortables y adaptados a sus necesidades. Por ejemplo, los sistemas de ventilación avanzada mejoran la calidad del aire interior, mientras que la iluminación y climatización automatizadas crean un entorno más agradable y productivo. Además, estos edificios fomentan la inclusión y accesibilidad al incorporar diseños universales que aseguran que todas las personas, independientemente de su capacidad física, puedan disfrutar de sus instalaciones.

Desafíos en el Desarrollo de Edificios Sostenibles e Inteligentes

El desarrollo de edificios sostenibles e inteligentes enfrenta varios desafíos técnicos, económicos y regulatorios. Uno de los principales obstáculos es el alto costo inicial asociado con las tecnologías avanzadas y los materiales sostenibles. Aunque estos costos suelen amortizarse a lo largo del tiempo, pueden ser prohibitivos para desarrolladores con recursos limitados. Para abordar este desafío, es fundamental que los gobiernos y las instituciones financieras ofrezcan incentivos y programas de financiamiento que fomenten la construcción de edificios sostenibles (Banister, 2018).

Otro desafío es la complejidad técnica asociada con la integración de tecnologías avanzadas en el diseño y la operación de los edificios. Los sistemas inteligentes requieren una infraestructura digital robusta, así como personal capacitado para su instalación y mantenimiento. Además, la interoperabilidad entre diferentes sistemas y plataformas puede ser un problema, especialmente en edificios grandes y complejos. Para los ingenieros civiles, esto implica trabajar en estrecha colaboración con expertos en tecnología y desarrolladores de software para garantizar que los sistemas sean compatibles y funcionen de manera eficiente.

La regulación también representa un desafío, ya que las normativas de construcción y los códigos urbanos pueden no estar actualizados para abordar los requisitos específicos de los edificios sostenibles e inteligentes. Esto puede retrasar la aprobación y construcción de estos edificios, especialmente en regiones donde la innovación en el sector de la construcción aún no está completamente respaldada por las políticas públicas. Para superar este obstáculo, es necesario que los ingenieros civiles y los desarrolladores trabajen en colaboración con los responsables de políticas para actualizar las regulaciones y promover estándares que apoyen la sostenibilidad y la innovación.

Rol de los Ingenieros Civiles en el Diseño de Edificios Sostenibles e Inteligentes

Los ingenieros civiles desempeñan un papel esencial en el diseño y la construcción de edificios sostenibles e inteligentes. Su trabajo abarca desde la selección de materiales sostenibles hasta el diseño de sistemas estructurales y de servicios que minimicen el consumo de recursos y maximicen la eficiencia. Además, los ingenieros civiles son responsables de integrar tecnologías avanzadas en el diseño de los edificios, asegurando que los sistemas inteligentes funcionen de manera armoniosa y contribuyan al objetivo general de sostenibilidad (Rodrigue, 2020).

Otro aspecto crucial del rol de los ingenieros civiles es garantizar que los edificios sean resilientes frente a desafíos como el cambio climático y los fenómenos extremos. Esto implica diseñar estructuras que puedan soportar eventos como inundaciones, terremotos y huracanes, al tiempo que garantizan la seguridad y el bienestar de sus ocupantes. La capacidad de los ingenieros civiles para innovar y liderar en la construcción de edificios sostenibles e inteligentes es fundamental para el éxito de la ciudad del futuro.

Los edificios sostenibles e inteligentes son componentes esenciales de la ciudad del futuro, ofreciendo soluciones innovadoras para los desafíos ambientales, económicos y sociales de las áreas urbanas. A través de tecnologías avanzadas y prácticas de diseño sostenible, estos edificios no solo reducen su impacto ambiental, sino que también mejoran la calidad de vida de sus ocupantes y generan beneficios económicos significativos. Sin embargo, su desarrollo requiere superar desafíos técnicos, económicos y regulatorios que exigen la colaboración entre ingenieros civiles, urbanistas, desarrolladores y responsables de políticas.

Para los ingenieros civiles, los edificios sostenibles e inteligentes representan una oportunidad única de contribuir al desarrollo de ciudades más resilientes, eficientes e inclusivas. Con un enfoque en la sostenibilidad, la innovación y el bienestar humano, los edificios del futuro no solo serán estructuras físicas, sino también herramientas poderosas para la transformación de nuestras ciudades y la creación de un entorno urbano que esté al servicio de las personas y del planeta.

5.3 Energías Renovables y Redes Inteligentes: Alimentando la Ciudad del Futuro

Las energías renovables y las redes inteligentes desempeñan un papel central en el desarrollo de la ciudad del futuro. A medida que las ciudades enfrentan crecientes demandas energéticas y los efectos del cambio climático, la transición hacia fuentes de energía limpias y la implementación de redes eléctricas inteligentes se han convertido en prioridades críticas. Este enfoque no solo permite reducir las emisiones de gases de efecto invernadero, sino que también mejora la eficiencia energética, fomenta la descentralización de la generación de energía y aumenta la resiliencia de las ciudades ante fenómenos extremos (International Energy Agency [IEA], 2022). Este apartado explora las ventajas, desafíos y aplicaciones de las energías renovables y las redes inteligentes en el contexto urbano, así como el rol de los ingenieros civiles en su implementación.

Transición hacia las Energías Renovables en las Ciudades

La adopción de fuentes de energía renovable, como la solar, eólica y geotérmica, es esencial para reducir la dependencia de los combustibles fósiles y minimizar el impacto ambiental de las ciudades. Los paneles solares y las turbinas eólicas, por ejemplo, están siendo integrados en edificios y espacios urbanos para generar energía limpia y descentralizada. Esta energía renovable no solo disminuye las emisiones de carbono, sino que también permite a las ciudades aprovechar recursos locales, reduciendo la necesidad de importar energía de fuentes externas (Litman, 2021).

Además, las energías renovables son clave para fomentar la sostenibilidad económica. Aunque la inversión inicial puede ser alta, los costos operativos son significativamente más bajos que los de los combustibles fósiles, y la disponibilidad de incentivos gubernamentales y reducciones fiscales hace que las soluciones renovables sean cada vez más accesibles. Para los ingenieros civiles, esto implica diseñar infraestructuras urbanas que integren fuentes de energía renovable, desde techos solares en edificios hasta parques eólicos urbanos, y garantizar que estas soluciones sean seguras y eficientes.

Redes Inteligentes: La Conexión entre Energía y Tecnología

Las redes inteligentes, o *smart grids*, son sistemas avanzados de distribución eléctrica que utilizan tecnologías digitales para gestionar el suministro y la demanda de energía en tiempo real. Estas redes no solo mejoran la eficiencia energética al minimizar las pérdidas durante la transmisión, sino que también permiten una integración más efectiva de fuentes de energía renovable en el sistema eléctrico. Por ejemplo, una red inteligente puede equilibrar la generación de energía solar o eólica con las necesidades de los usuarios, asegurando un suministro constante incluso en condiciones climáticas variables (Cohen & Shaheen, 2018).

Otro beneficio clave de las redes inteligentes es su capacidad para aumentar la resiliencia de las ciudades frente a cortes de energía y fenómenos extremos. Al recopilar y analizar datos en tiempo real, estas redes pueden identificar problemas antes de que se conviertan en fallos graves, redirigir la energía según sea necesario y restaurar el suministro rápidamente en caso de interrupciones. Para los ingenieros civiles, la planificación e implementación de redes inteligentes requiere un enfoque multidisciplinario, que combine conocimientos en infraestructura eléctrica, tecnología de la información y sostenibilidad urbana.

Integración de Energías Renovables y Redes Inteligentes

La integración de energías renovables y redes inteligentes es esencial para maximizar los beneficios de ambos sistemas. Las redes inteligentes permiten que las ciudades gestionen de manera más eficiente la energía generada por fuentes renovables, almacenando el exceso de energía en baterías y distribuyéndola cuando la demanda es alta. Además, estas redes facilitan la participación activa de los ciudadanos en la gestión de la energía, permitiéndoles monitorear su consumo y contribuir a la red a través de la generación distribuida, como la energía solar residencial (Banister, 2018).

La electrificación del transporte también se beneficia de esta integración. Los sistemas de carga para vehículos eléctricos pueden conectarse a redes inteligentes para optimizar el consumo de energía, cargando los vehículos durante las horas de menor demanda y utilizando fuentes renovables siempre que sea posible. Para los ingenieros civiles, esto implica diseñar estaciones de carga y redes de distribución que sean flexibles y capaces de adaptarse a las fluctuaciones en la generación y demanda de energía.

Desafíos en la Implementación de Energías Renovables y Redes Inteligentes

A pesar de sus numerosos beneficios, la implementación de energías renovables y redes inteligentes enfrenta desafíos significativos. Uno de los principales obstáculos es la inversión inicial, que puede ser alta tanto para la infraestructura de generación renovable como para la modernización de las redes eléctricas. Además, la integración de múltiples fuentes de energía en una red unificada requiere de sistemas avanzados de gestión y coordinación, lo que añade complejidad técnica al proceso (Rodrigue, 2020).

Otro desafío es garantizar la equidad en el acceso a estas tecnologías. En muchas ciudades, las comunidades de bajos ingresos enfrentan barreras económicas y tecnológicas que dificultan su participación en la transición energética. Para abordar este problema, es fundamental que las políticas públicas promuevan incentivos y programas de apoyo que permitan a todas las comunidades beneficiarse de las energías renovables y las redes inteligentes.

Finalmente, la seguridad y privacidad de los datos representan una preocupación importante. Las redes inteligentes recopilan grandes cantidades de información sobre los usuarios, lo que plantea riesgos de ciberseguridad y protección de datos. Para los ingenieros civiles, esto significa trabajar en colaboración con expertos en tecnología y reguladores para garantizar que los sistemas sean seguros y cumplan con las normativas de privacidad.

El Rol de los Ingenieros Civiles en la Transición Energética

Los ingenieros civiles tienen un papel crucial en la implementación de energías renovables y redes inteligentes en las ciudades. Su trabajo incluye el diseño y construcción de infraestructuras de generación y almacenamiento de energía, como paneles solares, turbinas eólicas y estaciones de carga para vehículos eléctricos. Además, los ingenieros civiles son responsables de integrar estas soluciones en el tejido urbano de manera que sean accesibles, seguras y estéticamente adecuadas.

Otro aspecto importante es la planificación y desarrollo de redes inteligentes que puedan gestionar eficientemente la generación y distribución de energía renovable. Esto requiere una estrecha colaboración con expertos en tecnología, operadores de redes eléctricas y autoridades locales para garantizar que las soluciones implementadas sean sostenibles y escalables.

Las energías renovables y las redes inteligentes son pilares fundamentales de la ciudad del futuro, ofreciendo soluciones innovadoras para los desafíos energéticos y ambientales de las áreas urbanas. Al promover la sostenibilidad, la eficiencia y la resiliencia, estas tecnologías transforman la forma en que las ciudades generan y consumen energía, creando un entorno más limpio, equitativo y adaptado a las necesidades del siglo XXI.

Para los ingenieros civiles, la transición hacia energías renovables y redes inteligentes representa una oportunidad única de liderar en la creación de ciudades sostenibles y resilientes. Con un enfoque en la innovación, la equidad y la colaboración, los ingenieros pueden ayudar a construir un futuro en el que las ciudades sean no solo funcionales y tecnológicas, sino también responsables con el medio ambiente y centradas en el bienestar de sus habitantes.

5.4 Gestión de Residuos y Economía Circular: Una Nueva Visión para las Ciudades del Futuro

La gestión eficiente de los residuos es un desafío crucial para las ciudades modernas, especialmente en un mundo donde el crecimiento poblacional y el consumo desmedido han llevado a un incremento exponencial en la generación de desechos. La ciudad del futuro no solo busca minimizar los residuos, sino también transformarlos en recursos a través de la implementación de estrategias basadas en la economía circular. Este enfoque promueve el diseño de sistemas urbanos que reduzcan, reutilicen y reciclen materiales, cerrando el ciclo de vida de los productos y disminuyendo la dependencia de materias primas vírgenes (Ellen MacArthur Foundation, 2020). Este apartado analiza las estrategias, beneficios y desafíos de la gestión de residuos en la ciudad del futuro, así como el papel fundamental de los ingenieros civiles en su implementación.

Estrategias de Gestión de Residuos en la Ciudad del Futuro

La gestión de residuos en las ciudades del futuro se centra en la reducción de desechos desde su origen y en la creación de infraestructuras para su tratamiento eficiente. Una de las estrategias clave es el desarrollo de sistemas de recolección y clasificación inteligentes, que utilizan tecnologías avanzadas como sensores IoT y análisis de datos para optimizar las rutas de recolección, monitorear el volumen de residuos y garantizar una segregación adecuada de los materiales (Docherty et al., 2018).

Otra estrategia es la promoción de plantas de reciclaje avanzadas y centros de compostaje, que permiten tratar residuos orgánicos y materiales reciclables de manera eficiente. Estas instalaciones no solo contribuyen a reducir la cantidad de residuos enviados a vertederos, sino que también generan productos valiosos, como fertilizantes y materias primas secundarias. Además, el aprovechamiento energético de los residuos, mediante tecnologías como la incineración con recuperación de energía y la digestión anaeróbica, permite convertir los desechos en electricidad, calor y biogás, ofreciendo una solución sostenible para el manejo de residuos no reciclables (International Solid Waste Association [ISWA], 2021).

La Economía Circular como Modelo Urbano

La economía circular es un enfoque que busca transformar el sistema lineal de "producir, consumir y desechar" en un modelo donde los recursos se mantengan en uso durante el mayor tiempo posible. Esto incluye el diseño de productos duraderos y reparables, la reutilización de materiales y la creación de sistemas de reciclaje eficientes que permitan reintroducir los recursos en la cadena de producción (Ellen MacArthur Foundation, 2020).

En el contexto urbano, la economía circular fomenta la integración de soluciones sostenibles en la planificación de las ciudades. Esto incluye el diseño de edificios con materiales reciclables, la reutilización de agua en sistemas cerrados y la creación de infraestructuras urbanas que faciliten el reciclaje y la recuperación de materiales. Para los ingenieros civiles, la economía circular implica un cambio en el enfoque del diseño y la construcción, priorizando materiales sostenibles y soluciones innovadoras que maximicen el aprovechamiento de recursos.

Beneficios de la Gestión de Residuos y la Economía Circular

La adopción de estrategias avanzadas de gestión de residuos y economía circular ofrece múltiples beneficios ambientales, económicos y sociales. Desde una perspectiva ambiental, estas prácticas reducen la presión sobre los vertederos, disminuyen la contaminación del suelo y el agua, y reducen las emisiones de gases de efecto invernadero asociadas con la descomposición de residuos y la extracción de recursos naturales (Litman, 2021).

Económicamente, la recuperación de materiales y la generación de energía a partir de residuos crean oportunidades para el desarrollo de nuevas industrias y empleos verdes. Además, la implementación de la economía circular fomenta la innovación en el diseño de productos y procesos, aumentando la competitividad de las empresas locales. Socialmente, estas estrategias mejoran la calidad de vida al reducir los problemas asociados con la acumulación de desechos, como olores, plagas y riesgos para la salud pública.

Desafíos en la Implementación de Sistemas Circulares de Gestión de Residuos

A pesar de sus beneficios, la transición hacia sistemas circulares de gestión de residuos enfrenta varios desafíos. Uno de los principales obstáculos es la falta de infraestructura adecuada para la recolección, clasificación y tratamiento de residuos, especialmente en ciudades con recursos limitados. Además, la implementación de tecnologías avanzadas requiere inversiones significativas, lo que puede ser un impedimento para muchas comunidades urbanas (Rodrigue, 2020).

Otro desafío importante es la necesidad de cambiar los hábitos y comportamientos de los ciudadanos. La adopción de la economía circular depende en gran medida de la colaboración de los residentes, quienes deben participar activamente en la segregación de residuos y en la reducción del consumo. Para superar este desafío, es fundamental implementar campañas de educación y sensibilización que promuevan prácticas sostenibles y fomenten una cultura de responsabilidad ambiental.

La integración de políticas públicas también es esencial para apoyar la economía circular. Esto incluye la creación de regulaciones que incentiven la reutilización y el reciclaje, así como el establecimiento de metas claras para la reducción de residuos y el aprovechamiento de materiales. Para los ingenieros civiles, esto implica colaborar con gobiernos y otras partes interesadas para garantizar que las infraestructuras y soluciones propuestas sean viables y sostenibles.

El Rol de los Ingenieros Civiles en la Gestión de Residuos y la Economía Circular

Los ingenieros civiles desempeñan un papel crucial en la implementación de sistemas avanzados de gestión de residuos y economía circular en las ciudades del futuro. Su trabajo incluye el diseño de infraestructuras para el tratamiento de residuos, como plantas de reciclaje, centros de compostaje y sistemas de aprovechamiento energético. Además, los ingenieros civiles son responsables de desarrollar redes eficientes de recolección y transporte de residuos, que minimicen las emisiones y maximicen la eficiencia operativa.

Otro aspecto clave es el diseño de infraestructuras urbanas que incorporen principios de economía circular. Esto incluye la selección de materiales reciclables en la construcción de edificios y carreteras, así como el diseño de sistemas de reutilización de agua y energía. La capacidad de los ingenieros civiles para innovar y liderar en el desarrollo de soluciones sostenibles es esencial para el éxito de la gestión de residuos y la economía circular.

La gestión de residuos y la economía circular son elementos fundamentales para construir ciudades sostenibles, resilientes y eficientes. A través de la implementación de tecnologías avanzadas y estrategias integrales, las ciudades del futuro pueden transformar los desechos en recursos, reducir su impacto ambiental y generar beneficios económicos y sociales significativos. Sin embargo, lograr esta transición requiere superar desafíos técnicos, económicos y culturales que demandan la colaboración de todos los actores involucrados.

Para los ingenieros civiles, la economía circular representa una oportunidad única para liderar en el diseño y construcción de sistemas urbanos que optimicen el uso de recursos y minimizan los desechos. Con un enfoque en la innovación, la sostenibilidad y la colaboración, los ingenieros civiles pueden ayudar a construir un futuro en el que las ciudades no solo sean funcionales, sino también responsables con el medio ambiente y centradas en el bienestar de sus habitantes.

REFERENCIAS BIBLIOGRAFICAS

Referencias

Banco Interamericano de Desarrollo (BID). (2023). *Transformando ciudades: Desarrollo orientado al transporte*. Banco Interamericano de Desarrollo. https://blogs.iadb.org/ciudades-sostenibles/es/transformando-ciudades-desarrollo-orientado-al-transporte/

Banister, D. (2018). *Transport, climate change and the city*. Routledge. https://www.taylorfrancis.com/books/mono/10.4324/9780203074435/transport-climate-change-city-david-banister-robin-hickman

Cohen, A., & Shaheen, S. (2018). *Planning for shared mobility*. American Planning Association.https://www.planning.org/publications/report/9107556/

Docherty, I., Marsden, G., & Anable, J. (2018). The governance of smart mobility. *Transportation Research Part A: Policy and Practice, 115*, 114-125.https://www.sciencedirect.com/science/article/abs/pii/S0965856417312908

Ellen MacArthur Foundation. (2020). *Circular economy: A systems solution framework*. https://ellenmacarthurfoundation.org/topics/circular-economy-introduction/overview

Fernández, P. (2023). *Sistemas de transporte y sostenibilidad urbana*. Editorial Técnica. https://enlacealafuente.com

García, A. (2023). *Sistemas de transporte y movilidad urbana*. Editorial Urbana. https://enlacealafuente.com

García, J. (2023). *Diseño de sistemas de transporte sostenibles*. Editorial Sostenibilidad Urbana. https://enlacealafuente.com

Gehl, J. (2010). *Cities for people*. Island Press. https://islandpress.org/books/cities-people

Gómez, L. (2023). *Transporte sostenible: Retos y oportunidades para las ciudades del futuro*. Editorial Verde. https://enlacealafuente.com

Gössling, S. (2021). *Urban transport justice*. Routledge. https://www.taylorfrancis.com/books/mono/10.4324/9780429287558/urban-transport-justice-stefan-g%C3%B6ssling

Hernández, L. (2023). *Movilidad y urbanismo: Hacia ciudades sostenibles y equitativas*. Editorial Innovación Urbana. https://enlacealafuente.com

International Energy Agency (IEA). (2022). *The role of sustainable transport in reducing urban pollution* https://www.iea.org/reports/sustainable-transport

International Solid Waste Association (ISWA). (2021). *Global waste management outlook*. https://www.iswa.org/programmes/knowledge-base/gwmo/

Jacobs, J. (1961). *The death and life of great American cities*. Random House. https://www.penguinrandomhouse.com/books/611123/the-death-and-life-of-great-american-cities-by-jane-jacobs/

Litman, T. (2021). *Introduction to transportation demand management: Planning and evaluating mobility management solutions*. Victoria Transport Policy Institute. https://www.vtpi.org/tdm/tdmintro.pdf

Litman, T. (2021). *Planning for sustainable transportation: Indicators and strategies*. Victoria Transport Policy Institute. https://www.vtpi.org/plansus.pdf

López, R. (2022). *Movilidad y desarrollo urbano: El impacto de los sistemas de transporte*. Editorial Movilidad. https://enlacealafuente.com

Martínez, J. (2021). *Ingeniería de transporte y movilidad urbana*. Editorial Técnica. https://enlacealafuente.com

Moreno, C., Allam, Z., Chabaud, D., Gall, C., & Pratlong, F. (2021). Introducing the "15-minute city": Sustainability, resilience and place identity in future post-pandemic cities. *Smart Cities, 4*(1), 93-111https://www.mdpi.com/2624-6511/4/1/6

Newman, P., & Kenworthy, J. (2015). *The end of automobile dependence: How cities are moving beyond car-based planning*. Island Press. https://islandpress.org/books/end-automobile-dependence

ONU-Habitat. (2023). *Planificación y diseño de una movilidad urbana sostenible*. ONU-Habitat. https://unhabitat.org/planificacion-y-diseno-de-una-movilidad-urbana-sostenible-espanol-language-version

Organización Mundial de la Salud (OMS). (2021). *Air pollution and health*. https://www.who.int/health-topics/air-pollution#tab=tab_1

Pérez, M. (2020). *Transporte y accesibilidad: Hacia ciudades más inclusivas*. Editorial Movilidad Inclusiva. https://enlacealafuente.com

Pucher, J., & Buehler, R. (2019). *City cycling*. MIT Press. https://mitpress.mit.edu/9780262527587/city-cycling/

Ramírez, G. (2022). *Movilidad urbana: Sistemas de transporte y sostenibilidad*. Editorial Urbana. https://enlacealafuente.com

Rodrigue, J. P. (2020). *The geography of transport systems* (5th ed.). Routledge. https://transportgeography.org/?page_id=1121

Rodríguez, S. (2024). *El futuro de la movilidad urbana: IA, vehículos autónomos y MaaS*. Editorial Innovación. https://enlacealafuente.com

Smith, J. (2023). *Smart payment systems in urban transportation: Challenges and solutions*. Urban Mobility Press. https://www.urbanmobilitypress.com/smart-payment-systems

World Economic Forum. (2022). *The future of urban mobility: Towards smarter and more sustainable cities*. World Economic Forum. https://www.weforum.org/reports/the-future-of-urban-mobility

Printed by Books on Demand GmbH, Norderstedt / Germany